不可不读的人性寓言故事

轻轻松松就能读懂人性

丁丁 / 编著

中国華僑出版社
北 京

图书在版编目（CIP）数据

不可不读的人性寓言故事：轻轻松松就能读懂人性 / 丁丁编著．—北京：中国华侨出版社，2018.5

ISBN 978-7-5113-7654-1

Ⅰ.①不… Ⅱ.①丁… Ⅲ.①人生哲学－通俗读物 Ⅳ.① B821-49

中国版本图书馆 CIP 数据核字（2018）第 066558 号

不可不读的人性寓言故事：轻轻松松就能读懂人性

编　　著：丁　丁
责任编辑：待　宵
封面设计：施凌云
文字编辑：王玉兰
美术编辑：张　诚
插图绘制：傅　晓
经　　销：新华书店
开　　本：880mm×1230mm　1/32　印张：9　字数：240 千字
印　　刷：北京鑫海达印刷有限公司
版　　次：2018 年 6 月第 1 版　　2018 年 6 月第 1 次印刷
书　　号：ISBN 978-7-5113-7654-1
定　　价：38.00 元

中国华侨出版社　　北京市朝阳区静安里 26 号通成达大厦 3 层
邮　　编：100028
法律顾问：陈鹰律师事务所
发 行 部：（010）58815874　　　传　　真：（010）58815857
网　　址：www.oveaschin.com　　E-mail：oveaschin@sina.com

前言

preface

人性是什么?

中国历史上的思想家对人性的了解是一个不断深入的过程。

孔子是中国教育史上第一个阐述人性问题，并做出了积极回答的思想家。他说:“性相近也，习相远也。”而孟子主张性善论，“人皆有仁、义、礼、智之心”，人之善性仅是一个“端”，“求则得之，舍则失之”。荀子主张性恶论，“人之性恶，其善者伪也”，人的“好利”“疾恶”“好声色”，这是恶的表现。汉代的董仲舒提出了人性的“善质说”。东汉的王充认为人性是可变的，“人之性善可变为恶，恶可变为善”。

唐朝的韩愈在论述人性的同时，引进了与人性有关的“情”。到了宋明时期，程颢和程颐认为“理即性”，“性即理也，所谓理，性是也”，“生之谓性”。宋朝的朱熹对此前的人性理论加以概括认为:理反映在人身上便是性，又说“性即理，仁、义、礼、智而已”。他认为，“天地之性浑然至善，其所以有恶是人禀受了气质之性”，提出“存天理而灭人性”。

由此可以看出，人们对人性的认识经历了由简到繁，由片面到全面，由纵到横，由里到外的曲折复杂的漫长的历史过程。简单地说，人性是在一定的社会制度和一定的历史条件下形成的人的本性，人所具有的正常的感情和理性。

当然，人性是复杂的，它的内涵也是丰富的：其一，人性是人的自然关系属性，或曰人的生物性的根源。其二，人性是人的社会关系属性，或曰人的社会属性，即人与人之间的关联性。其三，人性是人的思维关系属性，或曰人的精神属性，也即人对自然、社会、他人、自身等认识的属性。

那么，该如何了解人性？

寓言无疑是阐述人性的不二之选，它把深刻的道理寓于生动有趣的故事之中，让人们在轻松愉快的阅读中领悟到真实的全面的人性。

本书辑录了精彩简短的寓言，人性中的方方面面在这里变得浅显生动，因为它与我们的生活息息相关，可以让你在阅读之后无尽回味。还有，每则寓言之后都配以富含哲理的阐释，可以帮助你洞见人性的弱点，领悟真实的人性，让你在轻松愉快的阅读中获得全面的生存智慧。

同时，本书是洞悉人性规则的读本，是为人处世、行走社会的指南。在独特阐释人性的同时，将可读性、趣味性、思想性、哲理性融为一炉，让我们在融会贯通之后获得成功的捷径！

目录

CONTENTS

第一章　一念善，一念恶

第二章　摆脱欲望绳索的束缚

第三章　贪图安逸走向毁灭

第七章　别让虚荣害了你

第八章　自己的路自己走

第九章 你的态度决定你的价值

第十章 坚持自己的立场

第十一章 人贵有自知之明

第十二章 人人都能成功

第十三章　作茧自缚徒伤悲

第一章

一念善，一念恶

YINIAN
SHAN,
YINIAN E

善良给生命一次回头的机会

如果一个人不因为善心而回头，那他将落入万丈深渊，是善给了他一次重生的机会。

列车乘警经常接到旅客报警，说他们晚上熟睡以后经常被小偷扒走财物，防不胜防。乘警决定要抓住这个小偷。有一天深夜巡逻时，乘警发现一个年轻人正将手伸进一位熟睡乘客的口袋，乘警大喊一声，立即追了过去。小偷向餐车方向逃跑。乘警知道，火车正在飞奔，小偷是不敢跳车的，除非他是疯子。乘警渐渐放慢了脚步，开始用对讲机和餐车那头的乘警联络。

可正在这时，火车突然停了，只见小偷迅速地跃上一个敞开的窗口。当时乘警心想，完了，这家伙要逃掉了。

就在小偷准备跳下去的时候，听到一个男孩的尖叫声。他回头一看，原来是刚才急刹车时男孩一头撞在了车厢上，鲜血直流。小偷犹豫了一下，从窗口上跳了下来，一把抱起小男孩奔往列车医务室。

小偷被乘警抓住了，可乘警说这个小偷真是太幸运了。乘客们都有些不理解。

接着，乘警说了一句让大家心惊肉跳的话："因为火车所在的地方，两边都是万丈深渊。"

世界上没有绝对的"好"与"坏"，因此也就没有绝对的坏人和好人。从这个意义上可以这样认为，即使是一个被认为十恶不赦的人，在他的心底也会埋藏着好的东西，在某一个时刻、一个微妙的时机、一件小事，也许会点燃人性深处最美的那一部分。比如说故事中的这个小偷，如果小偷没有那一个回头的举动，那么他的生命也就再也没有回头的机会了。是小孩的惊叫声触动了他人性中最柔软的部分，他在救助别人的同时也拯救了自己的生命。小偷的“善”在拯救别人生命的同时，也拯救了他的“恶”，让他避免了陷入万劫不复之深渊的厄运。

守住人性中的底线

他用人性中的善保住了一个新生命，也为自己赢得了一生的坦然。

一位名医，在当地享有盛誉。有一天，一位青年女性来找他看病，名医检查后发现，她的子宫里有一个瘤，需要手术割除。

手术很快就安排好了。手术室里都是最先进的医疗器材，对这位有过上千次手术经验的名医来说，这只是个小手术。

他切开病人的腹部，向子宫深处观察，准备下刀。但是，他突然全身一震，刀子停在空中，豆大的汗珠冒上额头。他看到了一件令他难以置信的事：子宫里长的不是肿瘤，是个胎儿！

他的手颤抖了，内心陷入矛盾的挣扎中，如果硬把胎儿拿掉，然后告诉病人，摘除的是肿瘤，病人一定会感激得恩同再造；相反，如果他承认自己看走眼了，那么，他将声名扫地。

经过几秒钟的犹豫，他终于下了决心，小心缝合刀口之后，回到办公室，静待病人苏醒。然后，他走到病人床前，对病人和病人家属说："对不起！我看错了，你只是怀孕，没有长瘤。所幸及时发现，孩子安好，一定能生下个可爱的小宝宝！"

病人和家属全呆住了。隔了几秒钟，病人的丈夫突然冲过去，抓住他的衣领，吼道："你这个庸医，我要找你算账！"

孩子果然安好，而且发育正常，但医生被告得差点破产。

有朋友笑他："为什么不将错就错？你就说那是个畸形的死胎，又有谁能知道？"

"上帝会知道！"名医只是淡淡一笑。

守住良知，就是守住人性的最后底线。每个人都会经受善与恶的考验，在善念与恶念交叠闪现的那一刹那，保持自己的理智和恻隐之心，选择遵从善良的心，人性所散发的

力量便会震撼世界。善与恶就像铜钱的两面，在许多人生场合交替出现，让我们时刻擦亮心灵的眼睛，看清事物的真相，分清善恶的痕迹，在善良被蒙蔽的瞬间，毫不犹豫地服从内心真正的召唤，去选择良知与人性中善的光亮。

上帝的最高奖赏

当你遇到不公平的待遇时，你会埋怨命运吗？慈爱还停留在你的身上吗？你还会一如既往地做善良的事吗？

1963 年，一个小女孩写信给一家报纸的总编，因为她遇上了一件麻烦的事情：她帮妈妈摘回了一篮子草莓，妈妈只是夸了她一句“好孩子”，却给调皮贪玩的弟弟一个大苹果。她想问一下热心的总编先生：这个世界是公平的吗？难道她和她周围的好孩子都被上帝遗忘了吗？

总编收到小女孩的来信，看了以后心里十分难过。可是他也不知道该如何回答这一个问题。

就在第二天，一位朋友邀请他参加了一场婚礼。就在这场婚礼上，总编找到了问题的答案。

事情的经过是这样的：牧师主持订婚仪式，准新娘和准新郎开始互赠戒指，或许是他们太激动了，两人都阴差阳错地把戒指戴在了对方的右手上。旁边的牧师看见了，幽默地插了一句：“右手已经够完美了，我想你们还是用它来装扮左手吧。”

牧师的话让总编觉得眼前一亮，他想："右手本来已经非常完美了，没有必要再用饰物装点右手了。同样，那些有美德的人之所以常常被大家忽略，不就是因为他们已经非常完美了吗？"总编终于找到了小女孩要的答案：上帝让右手成为右手，就是对右手的最高奖赏；同样，上帝让好孩子成为好孩子，也就是对好孩子的最高奖赏。

总编发现这一真理后，兴奋不已，当天晚上立即给小女孩回了一封信。他在信中安慰小女孩说：

"……你不要烦恼，不要忧愁，上帝让你成为一个好孩子，就是对你的最高奖赏！"

人们常说好人有好报，但有很多时候似乎并非如此，好像自己付出了，却得不到一点儿回报，哪怕一句赞美的话，于是我们开始抱怨世界的不公平。其实，行善的人是不需要有回报的。你知道吗？上帝已经在天堂看见了你无私的行为，他会对他的子民说："看，这就是我跟你们说的好人！"善良是上帝对人性最好的肯定，也是送给人们的最高奖赏。

尊重别人就是尊重自己

一只小狗瘸了，它觉得自己是不幸的。当它知道在这个世界上还有一个和它同样命运的人时，它就不再绝望了，因为它知道那个人会用心地爱它，做它真正的主人。

宠物市场上，一个30多岁的男人牵着6只毛茸茸的小狗站在那里，手里举着一块牌子：“出售小狗。”其中，有一只小狗紧紧地贴在男人的脚边，呜呜地低声叫着。

一会儿，一个小男孩慢慢地走到了卖狗人的面前。

“先生，你的小狗卖多少钱？”小男孩问道。

“20美元。”

“能让我先看看它们吗？”

小男孩蹲下身来逗那些活泼可爱的小狗。他看到了那只呜呜叫着的小狗。

“这只小狗怎么了？”小男孩好奇地问道。

“它的一条腿瘸了，生了一场病就变成这样了。”

“我想买这只小狗。”

“这条小狗不卖。”卖狗人想了一下，说：“如果你很想要，我可以把它送给你！”

“不！”小男孩认真地看着对方，一字一句地说：“我不需要你的赠予。这只小狗应该和别的小狗一样值20美元！”

“它的腿不好，不可能像别的小狗那样蹦蹦跳跳地陪你玩。”

小男孩低着头，轻声说道：“我自己也不能蹦蹦跳跳了。这只小狗需要一个理解它的人，给它一份关爱。”说完，他卷起裤脚，露出一条严重畸形的小腿。

用既定的标准来衡量事物，戴着有色的眼镜去看周围的世界，并习惯于用主观臆断去评判他人的价值，是人性中的“常态”。这种主观色彩浓重的趋同心理，常常让我们的所作所为有失公允。人性中的不完善，是产生势利意识和偏见的根源。

其实，对于生命来说，每一个人的地位都是平等的，每一个人的价值都是一样的，人生没有高低贵贱之分，尊重对方也就是尊重自己。真正的善良并非自上而下的怜悯与同情，更不是强者对弱者的无端施舍，而是一种能把万物苍生视为同一高度，并真正去尊重的情怀。人性的可贵，莫过于此。

你是上帝的妻子吗

只要拥有一颗仁爱之心，就会发现自己离上帝又近了一步。

寒冷的街头，一个衣着破烂的丹麦小女孩站在一家蛋糕店的门前，看着橱窗里的大蛋糕，眼睛都直了。她已经在寒风里站了很久，还是没有离去。

这时，蛋糕店的门被推开了，走出了一个漂亮的女店员。她问门前的小女孩：“小妹妹，你是在这里等人吗？天快黑了，还是赶紧回家吧！”

“不，我是在向上帝祷告，请他赐给我一块又漂亮又美味的大蛋糕。”小女孩认真地抬起头问，“姐姐，你说上帝能够听见我的请求吗？”

“会的！”女职员认真地点点头，接着，她把小女孩带进了蛋糕店。小女孩看着五颜六色的蛋糕和光亮的蜡烛，一脸的羡慕与陶醉。

一会儿，女职员端来了一盆热水，拿了一条毛巾。她把小女孩带到一边，开始给小女孩洗手洗脸。小女孩的脸已经在外面被寒风冻得通红，她睁着一双大眼睛看着这位女职员在她身边忙着，一脸的疑惑。

到了最后，女职员用碟子端来一块大蛋糕，上面放着许多亮晶晶的果仁。小女孩迟疑地接过了大蛋糕，看了看女职员，眼眶里蓄满了泪水。

女职员对着小女孩笑了笑，说："小妹妹，还有什么需要吗？"

"我可以吻你一下吗？"小女孩亲了一下女职员，俯在她的耳边轻轻地问了一句："姐姐，你是上帝的妻子吗？"

人之行善，并不是体现在口头上喋喋不休的说教中，有时一个小小的善举也可以让你成为拯救他人于苦难之中的上帝。上帝无处不在。只要我们拥有仁爱之心，用自己的行动去关爱周围的人，就会发现自己离上帝的距离更近了。

识别虚伪面孔下的歹意

虚伪面孔下的歹意就像一支暗箭，会在不经意之间伤害到你。

一只年幼无知的小老鼠，因毫无准备差点被人逮住。它向母亲讲述了它的历险经过："我穿过环绕着的山峦，一路小跑。这时候，两只动物引起了我的关注，一只温柔、善良而亲切；另一只却好激动、爱争吵，它的嗓音尖厉刺耳，头上还顶着个大肉包，尾巴展开着翎毛，它的两只胳膊向空中升起，好像就要飞翔一般。"

小老鼠向妈妈描述的原来是只小公鸡，但它叙述得却像是从遥远的南美洲来的动物一般。

"它用双臂拍打着自己的双肋，"小老鼠接着说，"发出好大的声响。感谢上帝赋予我胆量，可我还是吓得逃跑了。我在心里咒骂它，没有它，我就会和那只看来非常温和的动物结识了。它和我们一样，身上有着柔软的毛，有斑纹，长尾巴，举止斯文，目光稳重、炯炯有神。我寻思，它和我们老鼠一定能友好相处，因为它耳朵的形状也与我们的大体相同。正当我要与它打招呼时，另外那个家伙发出的巨响把我给吓跑了。"这个温和的家伙到底是谁呢？

"我的孩子，"鼠妈妈说，"这温和的家伙是猫，在它虚伪的面孔下却有着不可告人的歹意。它专门捕食我们的同胞；另一只是公鸡，而它根本不会危害我们，也许有一天还会成为我们的美餐。"

生活中也是如此。面相不和善的人也许有着一颗善良的心，在我们遭遇危难时能及时伸出援助之手；而那些表面温柔、善良的人背后却可能隐藏着一副邪恶歹毒的心肠。

识别虚伪面孔下的歹意常常比认识一颗深埋的善心更加重要。深藏的歹意就像一支暗箭，会在不经意之间伤害到你。

提防身边的伪君子

生活中的伪君子，我们不得不防。

夕阳西下，彩霞满天。山坡上的一群羊已经回家，只有一只公羊还在那里玩着，可能是初夏的晚景太美了，玩得高兴而忘了回去的时间。一只狼突然从树林里窜出来，扑向羊。这羊也不示弱，勇敢地跳起来，用角拼命抵抗。战斗愈来愈激烈，狼怒吼着，羊也嘶鸣着。但狼毕竟是太凶猛了，羊不能敌，它越来越吃力了，只得向邻居们发出求救声。

牲畜们都在向家里走去。听到求救声，牛从树丛间向这个地方望了望，发现是狼，便翘起尾巴，扬起四蹄，奔下山去。马低头一看，发现是狼，也一溜烟地跑向村子。驴停下脚步，发现是狼，悄悄地溜下山坡。猪经过这里，发现是狼，身子一扳，冲下山坡。兔子经过这里，发现是狼，箭一般地逃进村子……

山下的茅屋门前，一条狗听见羊的呼唤，急忙奔向山坡——比疾风还快，从深草丛中一跃而出，以迅雷不及掩耳之势咬住了狼的脖子。狼疼得直叫唤，趁狗换气时，仓皇逃向森林……狗扶着羊走回家来。

第二天，羊正靠在屋子一侧的墙边养伤。周围挤满了前来探望的邻居。牛说："你怎么不告诉我？我的角足可以剜出狼的肚肠！"马说："你怎么不告诉我？我的蹄子可以叫狼粉身碎骨！"驴说："你怎么不告诉我？我一声吼叫，就会把狼吓得魂飞魄散！"猪说："你怎么不告诉我？我一嘴拱去，可以叫狼摔到岩下！"兔子说："你怎么不告诉我？我跑得最快，可以叫人来援救！"……

在这闹闹嚷嚷的一群中，唯独没有狗。

人若分为三类，可以分为：君子、小人和伪君子。君子可交，小人可敌，唯独伪君子不易辨识。因为他们常常以朋友的面目出现，却在你遇到困难时弃你于不顾。在你摆脱困境时，他们又会蜂拥而至，为你送来"真诚的"祝福，可能还会埋怨几句：有困难怎么不找老朋友我啊？这时，就是你揭开他们伪善面纱的最佳时机。

莫踩仇恨袋

不要轻易去碰仇恨袋，你越侵犯它，它越会膨胀，与你敌对到底。

古希腊神话中有一位大英雄叫海格力斯。

一天，他走在坎坷不平的山路上，发现脚边有个袋子似的东西很碍脚，海格力斯踩了那东西一脚，谁知那东西不但没被踩破，反而膨胀起来，加倍地扩大着。海格力斯恼羞成怒，操起一根碗口粗的木棒砸它，那东西竟然长大到把路堵死了。

正在这时，山中走出一位圣人，对海格力斯说：“朋友，快别动它，忘了它，离开它远去吧！它叫仇恨袋，你不侵犯它，它便小如当初；你若侵犯它，它就会膨胀起来，挡住你的路，与你敌对到底！”

仇恨是人性中的劣根，它隐藏在人性的深处，一旦触及便会迅速地膨胀，控制人的思想。根除它的关键是不要记仇，忘记它，如果不能则最好远离它。每个人心中都或多或少地埋有仇恨的火种，而我们所能做的，就是用人性美好的甘泉去浇灭那些忽闪忽隐的火星，切不能助长仇恨的地狱之火肆虐，并将自己无情焚毁。抛却心中的仇恨，我们才能享受心中的安详、静谧、和谐、从容……

帮助他人就是帮助自己

在危险之中，向你伸出援助之手的往往是你曾经帮助过的人。

一只老鼠路过一片森林时，不小心掉进了一个深深的水坑里，怎么也爬不上来。它吱吱地叫着，可是谁也听不见。可怜的老鼠心想，这个水坑大概就是自己的坟墓了。

正在这时，一只大象经过这里，救了老鼠。

“谢谢你，大象。你救了我的命，我一定会报答你。”

大象笑着说:“你一只小老鼠怎么报答我呢?”

没多久，大象不幸被猎人捉住了。猎人们用绳子把大象捆了起来，准备等天亮后运走。大象伤心地躺在地上，无论怎么挣扎，也无法把绳子扯断。

这时，小老鼠突然出现了，它开始咬大象脚上的绳子，终于在天亮前咬断了绳子。

“你看到了吧，一只小老鼠也有派上用场的时候！”小老鼠对重获自由的大象说。

事不关己，高高挂起，这其实是一种自私的行为，无形之中切断了自己的退路，因为人与人之间是相互关联的，有着密切的联系，自私就是孤立自身。在别人遇到危难时，予以漠视是人应该摒弃的一种行为。其实帮助别人也可以有一份不一样的收获，当你身陷困境时，你会发现，向你伸出援助之手的往往是你曾经帮助过的人。所以，行善也是在为自己积德。

天堂与地狱

人间既是天堂，也是地狱。当我们心里充满爱的时候，就是身处天堂；当我们心里怀着怨恨的时候，就是住在地狱。

在得克萨斯州的一所小学里，一群天真无邪的孩子经常向玛琳娜老师询问天堂在哪里。为了满足孩子们的好奇和求知欲望，玛琳娜老师请来了莫迪神父。

莫迪神父首先在黑板中间画了一条线，把黑板分成两边，左边写着“天堂”，右边写着“地狱”，然后对孩子们说：“我要求你们每一个人分别在‘天堂’和‘地狱’下面写下与你们的想象或期望相符的内容。”

孩子心目中的“天堂”就这样呈现出来了：

花朵、欢笑、树木、天空、爱情、阳光、诗歌、春天、音乐……

在“地狱”这一边，孩子们写下了这样一些字眼：

黑暗、肮脏、恶魔、哭泣、残杀、恐怖、仇恨、流血、丑陋……

等孩子们写完之后，神父对他们说：“正如大家所知道的，天堂是具备了一切美好事物与美好心灵的地方，这个地方有人叫作天堂，有人叫作天国，或者净土、极乐世界。地狱呢？正好相反，是充斥了一切丑恶事物与丑恶心灵的地方。那么，有没有人知道：人间在哪里呢？”

孩子们说：“人间是介于天堂与地狱之间的地方。”

神父说：“错了。”

孩子们露出不解的神色。

神父告诉孩子们：“人间不是介于天堂与地狱之间。人间既是天堂，也是地狱。当我们心里充满爱的时候，就是身处天堂；当我们心里怀着怨恨的时候，就是住在地狱！”

所谓人性的“地狱”即是人性中最为阴暗的部分，这部分是隐秘的，但又会通过各种形式表现出来，比如说肮脏、残杀、恐怖、仇恨，等等。身处人性的“地狱”，人总是不能理智行事，总是在不觉中让自己的行为滑向人性的深渊。当然，凡事都有对立的一面，“天堂”也是存在于人性当中的，是人性中美好的一面，也是我们要提倡和追求的部分。

究竟你生存的世界是地狱还是天堂，完全取决于你自己。你凸显人性中黑暗的一面，那么它就是地狱；你与人性中光明的事物为伍，那么幸福也就降临了。

第二章

摆脱欲望绳索的束缚

BAITUO
YUWANG SHENGSUO
DE SHUFU

欲望是快乐的天敌

欲望使世界上少了一个天使，满足一个人的欲望，就使世界上少了一个生命。

皮克是地球上最快乐的叫花子。

“我为什么不快乐呢？我每天都能讨到填饱肚子的食物，有时甚至还能讨到一截香肠；我每天还有这座破庙可以挡风遮雨；我不为其他的人做工，我是自己的上帝。我为什么不快乐呢？”皮克这样回答那些羡慕他的人。

可是有一天，皮克脸上的快乐突然丢失了。

那是因为，皮克在回破庙的路上捡到一袋金币，准确地说是99块金币。

第二天，皮克很晚也没有走出破庙，他要把这99块金币藏好，这真的需要费一番工夫。“这钱不能花，我得攒着。我要是拥有100块金币就好了。我要拥有100块金币。”从来没有什么理想的皮克现在开始有了理想。他还需要一块金币，这对一个叫花子来说，绝对是一个非常远大的理想。

自此起，皮克不讨饭糊口了，而是一分钱一分钱地讨，连续几天不吃不喝。

皮克越来越忧郁，越来越苦闷，也越来越瘦弱了。终于有一天，皮克病倒了。这一病，皮克几天也没有起来。这几天里，皮克就想着一件事：还差 16 分就 100 块金币了。

“皮克，你没有收到我的金币？”突然，一个富商找到破庙里的生命垂危的皮克。

“什么？”皮克惊问。

“皮克，你的快乐，是你的快乐救了我。三年前，我在一次买卖中赔尽了家产。我正准备自杀，我见到了快乐的你，我明白了身无分文的人也能快乐地生活。后来，我东山再起，赚了很多钱。那一次，我带着 99 块金币出来游玩，见到你，就把钱丢到了你要走的路上。可是你现在为什么还做叫花子呢？为什么不快乐呢？生了病为什么不拿钱去看医生呢？”

“我想拥有 100 块金币。还差 16 分，就差 16 分。”

富商从腰里取出一块金币给他。皮克接过钱，把钱装进袋子里，然后又全部倒出来，很细心地数——他终于有 100 块金币了，对了，还多了 84 分。

皮克笑了，然后就昏倒了。

富商试了试皮克的鼻子还有没有呼吸，皮克果然什么时候都不会快乐了。

因为皮克有了 99 块金币的时候，就会希望有 100 块金币。这就是每个人都不可避免的贪欲，贪欲赶走了他的快乐。你要救他，你得向他索回那 99 块金币，这样他或许有救。现在，你反倒满足了他的欲望，重病的他就失去了支撑下去的动力了。你开始时给他 99 块金币，你使世界上少了一个天使；你又给他一块金币，这就使世界上少了一个生命。

99块金币便夺去了一个人的快乐，与其说人的快乐廉价，不如说是人的欲望太盛。

远离那份欲望，才能够使你于利不趋，于色不近，于失不馁，于得不骄，进入宁静致远的人生境界。

物欲太盛心难静

拥有点金术，可以得到无穷的财富，却失去了快乐和幸福。

从前有一个非常富有的国王，名叫米达斯。他拥有的黄金数量之多，超过了世上其他任何人。尽管如此，他仍认为自己拥有的黄金数量还不够多。他碰巧又获得了更多的黄金，这使他非常高兴。他把黄金藏在皇宫下面的几个大地窖中，每天都在那里待上很长时间清点自己有多少黄金。一天，米达斯国王又来到他的藏金屋。

“你有许多黄金，米达斯国王。”一位不知什么时候跟着他进来的陌生人说道。

“对，”国王说道，“但与全世界所有的黄金相比，那又显得太少了！”

“什么！你并不满足吗？”陌生人问道。

“满足？”国王说，“我当然不满足。我经常夜不能寐，想方设法获得更多的黄金。我希望我摸到的任何东西都能变成黄金。”“那么你将实现你的愿望。明天早晨，当第一缕阳光透过窗子射进你的房间，你将获得点金术。”陌生人说完便消失了。

第二天米达斯国王醒来时，房间里晨光熹微。他伸手摸了一下床罩，什么也没有发生。“我知道那不是真的。”他叹了口气。就在这时，清晨的阳光透过窗户射进房间，米达斯国王刚才摸的床罩变成了纯金的。

“这是真的，是真的！”他兴奋地喊道。

他跳下床，在房间中跑来跑去，见什么摸什么。他穿着的长袍、拖鞋和屋里的家具都变成

了金子，就连他平时最爱看的书也全都变成了金子。

就在这时，一个仆人端着吃的东西走了进来。“这饭看起来非常好吃，”他说道，“我先吃那个熟透了的红桃子。”不料，他刚把桃子拿到手中，还没有尝到桃子是什么滋味，桃子就变成了金子。

这时，房门开了，小马丽格德手里拿着一支金灿灿的玫瑰花走了进来，眼里噙满了泪水。

为了安慰女儿，他拥抱她，亲吻她。但他突然痛苦地喊了起来，他摸了一下女儿，她那漂亮的脸蛋变成了金灿灿的金子，双眼什么也看不到，双唇无法吻他，双臂无法将他抱紧。她不再是一个可爱的、欢笑的小女孩了，她已经变成了一尊小金像。

米达斯低下头，大声哭泣起来。

物欲太盛造成灵魂病态，使精神上永无宁静，心灵也永无快乐，这是受到贪欲人性捆绑的后果。正如故事中的国王一样，即使手中已有大量的黄金，他仍不满足。自学会点金术后，凡他手可触及的地方，无论是什么东西，包括他的爱女，均变成了金的。寓言的寓意再深刻不过：在一个完全物化的世界里，人性被欲望之绳捆得更紧，由此失去了快乐和自由的空间。在欲望的海洋中泅渡是一种痛苦，不能摆脱贪婪人性的倾轧，幸福会在挣扎中失去原本的色彩。

贪婪会使你丧失自由

不放开贪婪的手，便无法从厄运中脱离。

在阿尔及利亚有一种猴子，它们非常喜欢偷吃农民的玉米。尤其是晚上的时候，农民们没有时间照看，玉米常常会被洗劫一空。起初农民们拿它们没办法，后来他们发现猴子都有贪得无厌的习性，于是他们根据这种习性发明了一种捕捉猴子的巧妙方法。

农民们把一只只葫芦形的细颈瓶子固定好，然后把它们拴在一棵大树下，再在瓶子中放入猴子们最爱吃的玉米，然后就等着猴子们上钩了。

到了晚上，猴子们来到树下，见到瓶中的玉米十分高兴，就把爪子伸进瓶子去抓玉米。这瓶子的妙处就在于猴子的爪子刚刚能够伸进去，等它抓到一把玉米时，爪子却怎么也拿不出来了。而这些猴子十分贪婪，绝不可能放下已到手的玉米，就这样，它们的爪子也就一直抽不出来，于是只能死死地守在瓶子旁边了。

到了第二天早晨，农民们抓住它们的时候，它们依然抓着玉米不放，直到它们把玉米送入嘴中。

其实，在生活当中，也有不少人，为了永无休止的贪欲而无谓地失去很多东西。为了生存，我们透支着体力和精力；为了爱情，我们透支着青春和情感；为了财富和地位，我们失去了健康和快乐。

财富也好，情感也罢，或是其他方面的索求，都应把握有度，适可而止。贪婪，乃失败之根本。有多少人由贪而变贫，由贪而服法，由贪而寝食难安。

贪是万恶之源

贪婪地从钱袋中索取而不停止，只能守着无尽的钱财而哀叹。

有一个年轻人常自言自语地说："我真想发财呀，如果我发了财，绝不做吝啬鬼。"

一天，这位年轻人遇见了一个魔鬼。魔鬼说："好吧，我就让你发财吧，我会给你一个有魔力的钱袋。"

魔鬼又说："这钱袋里永远有一枚金币，是拿不完的。但是你要注意，在你觉得够了时，就要把钱袋扔掉，你才可以开始花钱。"

魔鬼说完就不见了。

年轻人发现在他的身边真的有一个钱袋，里面装着一枚金币。年轻人把那枚金币拿出来，里面又有了一枚，于是年轻人不断地往外拿金币。年轻人一直拿了整整一个晚上，金币已有一大堆了。他想：这些钱已经够我用一辈子了。

到了第二天，年轻人饿极了，他很想去买面包吃。但是在他花钱以前，必须先得扔掉那个钱袋。于是年轻人便拎着钱袋向河边走去，可是到了河边他舍不得扔，又转身回来了。

年轻人又开始从钱袋里往外拿钱。每次当他想把钱袋扔掉之前，总觉得钱还不够多。

日子一天天过去了，他完全可以去买吃的、买房子、买最豪华的车子，可是，他对自己说："还是等钱再多一些吧。"

年轻人就这样不吃不喝地往外拿金币，金币已经快堆满一屋子了，同时，他也变得又瘦又弱，脸色蜡黄。他虚弱地说："我不能把钱袋扔掉，金币还在源源不断地出啊！"

年轻人成了一个看起来极其衰老的人，但他还是用颤抖的手往外掏金币。

最后，年轻人饿死在那堆金币旁。

贪是人性中的万恶之源，如同上面这个故事中的穷人，他本可以用所得的金币去买食物充饥，去买衣服御寒，去买房子立足安身，但他没有那样做，他的贪婪，他的永不满足，最终葬送掉了他的性命。

不要让金钱成为你的统治者

当你得到的比需要的更多，便会引发心中的贪婪，从此一发不可收拾，终成为金钱的奴隶。

有个老魔鬼看到人间的生活太幸福了，他想："我要去扰乱一下，要不然魔鬼就越来越没市场了。”他先派了一个小魔鬼去扰乱一个农民，因为他看到那个农民每天辛勤地劳作，可是所得却少得可怜，但他还是那么快乐，非常知足。

小魔鬼想，怎样才能把农民变坏呢？他就把那个农民的田地变得非常贫瘠，让他知难而退。那农民耕作了半天，做得很辛苦，但他只是休息一下，还是继续耕作，没有一点抱怨。小魔鬼看到计策失败，只好摸摸脑袋回去了。

老魔鬼又派了第二个小魔鬼去。第二个小魔鬼想，既然让他更加辛苦没有用，那就拿走他所拥有的东西吧！那小魔鬼就把他午餐的面条和水偷走，他想，那个农民做得那么辛苦，又累又饿，却连吃的喝的都不见了，这下子他一定会暴跳如雷！那个农民又渴又饿地到树下休息，想不到面条跟水都不见了！“不晓得是哪个可怜的人比我更需要那碗面和水？如果这些东西能让他吃饱的话，那真是太好了。”小魔鬼又失败了。

老魔鬼觉得奇怪，难道没有任何办法能使那个农民变坏？这时第三个小魔鬼出来了，他对老魔鬼讲：“我有办法，一定能把他变坏。”

这个小魔鬼先去跟那个农民做朋友，那个农民很高兴地和他做了朋友。因为魔鬼有预知未来的能力，他就告诉那个农民，明年会有干旱，教那个农民把水稻种在低洼的湿地里，那个农民便照做。结果第二年别人没有收成，只有那个农民的收成非常之好，他就因此而富裕起来了。魔鬼又每年都对那个农民说当年适合种什么，三年下来，那个农民变得非常富有。他又教那个农民把米拿去酿酒贩卖，赚取更多的钱。慢慢地，那个农民开始不工作了，靠着贩卖的方式，获得了大量金钱。

有一天，老魔鬼来了，小魔鬼就告诉老魔鬼说："您看！我现在要展示我的成果。农民现在已经有猪的血液了。"只见那个农民办了个晚宴，所有富有的人都来参加，喝最好的酒，吃最精美的餐点，还有好多的仆人侍候。他们非常浪费地吃喝，醉得不省人事，开始变得像猪一样愚蠢。

"您还会看到他身上有着狼的血液。"小魔鬼又说。这时，一个仆人端着葡萄酒出来，不小心跌了一跤，已经变成富翁的那个农民斥责道："你做事这么不小心！"

"唉！主人，我们到现在都没有吃饭，饿得浑身无力。"

"事情没有做完，你们怎么吃饭！"

老魔鬼见了，高兴地对小魔鬼说："你太了不起！你是怎么办到的？"

小魔鬼说："我只不过是让他拥有比他需要的更多而已，这样就可以引发他人性中的贪婪。"

有钱不是坏事，但它很可能让你失去最基本的一些品性。万事适度即好，不可要求得到更多，心中的贪欲一旦被激活，便会使你成为贪欲的奴隶，从此丧失掉自由。

不要被贪欲所支配

小心你的贪欲成为别人利用你的把柄。

从前，有个商人来到一个市场里做生意，当他得知几天后这里所有商品将大甩卖时，就决定留下来等待。可是，他身上带了不少金币，当时又没有银行，放在旅店也不安全。

经过反复思忖，他独自来到一个无人的地方，在地里挖了一个洞，把钱埋藏起来。可是，当他次日回到藏钱的地方，却大吃一惊：钱不见了。他呆呆地愣在那里，反复回想藏钱的情景，当时附近没有一个人啊，他怎么也想不出钱是怎样丢的。

正当他纳闷之际，无意中一抬头，发现远处有间屋子，可能是这家屋子的主人正好从墙洞里看到他埋钱了，然后将钱挖走。那么，怎样才能把钱要回来呢？

经过认真考虑，他去找那家屋子的主人，客气地说道："您住在城市，头脑一定很聪明。现在我有一件事想请教您，不知是否可以？"

那人热情地回答说："当然可以。"

商人接着说道："我是来这里做生意的外地人，身上带了两个钱袋，一个装了 1 000 金币，一个装了 500 金币。我已把小钱袋悄悄埋在没人的地方，但不知道这个大钱袋是交给能够信任的人保管呢，还是继续埋起来比较安全呢？"

屋子的主人答道："因为你是初来乍到，什么人都不该相信，还是将大钱包一块儿埋在藏小钱包的地方吧。”

等商人一走，这个贪心不足的人马上取出挖来的钱袋，立刻埋在原来的地方。这下可把躲藏在附近的商人高兴坏了，等那人一走，马上将钱袋挖了出来，一溜烟跑了。

贪心有大有小，只是因人而异。在遇到不好处理的事情时，不妨从对方的贪心下手，像故事中的商人一样，难题就迎刃而解了。对于我们个人而言，最好能控制好自己的贪心，贪念一起，可能会引火烧身。

贪心猛于虎

从林中最为让人害怕的不是老虎，而是人对财富的贪心。

从前，有两个朋友看到一位哲学家从丛林中惊慌失措地跑过来。他们问他为什么这样惊恐不安。哲学家说：“在那片丛林中，我看到一个吃人的东西。”“你是不是说有一只老虎？”两个人不安地问道。“不，”哲学家说，“要比老虎厉害得多，我在挖一些药草时挖出来一堆金子。”

“在哪儿？”两个人赶忙问道。

“就在那片丛林中。”说完，哲学家就走了。

两个朋友立即跑到哲学家所指的地方，果然发现有一些金子。

“那个哲学家多蠢啊！”一个人对另一个人说，“竟把这贵如生命的黄金说成吃人的东西！”

另一个人说：“让我们想想怎么办吧。在光天化日之下，现在就把它拿回村里是不安全的，必须在夜里悄悄拿回家去。我们留一人在这儿看着财宝，另一个回家去拿饭来吃吧。”

当一个人去拿饭时，留下来的一个想道：太遗憾了，今天要是我一个人来多好。现在我还得把这些黄金分给朋友一半，这样谁也分不到多少，我有一大家子人，需要得到全部黄金。只要他一来，我就用刀子把他捅死。

同时，另一个也在想：我干吗要把黄金分给他一半呢？我负债累累，一点为晚年准备的积蓄都没有，我不能分给他一半。我先吃饱饭，然后在饭里放上毒药，给他带去，他一吃就死了。想好之后，他带着下了毒药的饭菜，来到发现财宝的地方。

他刚到那里，另一个人冷不防地给了他一刀，当即结果了他的性命。

行凶后，凶手对朋友的尸体说道：“可怜的朋友，是一半黄金送了你的性命。现在，我该吃饭了，真饿得我够呛。”他端起有毒的饭吃了下去。半小时后，他也一命呜呼了。他在临死的时候说：“哲学家的话多么对呀！”

金钱猛于虎，比猛虎更厉害的是人的贪心。贪婪往往使人疯狂，使人利令智昏，失去理性，以致互相残杀，最终被贪心所害。

人之求利，情理之常，但君子爱财，应取之有道。如果无视社会法律、规则、道德，一味巧取豪夺、贪婪成性，只能让人唾弃。

不要让欲望解除你的思想武装

我们所拥有的并不是太少，而是欲望太多，一旦落入欲望的圈套，再强的抵抗能力都会被瓦解。

水中垂着一个钓饵，装的是一块新鲜的虾肉。

一条鲫鱼游过来了。它看了一眼钓饵：真不错，是块美味的东西。可是警惕的鲫鱼是不会轻易上当的，它记得有不少同伴，就是因为贪吃钓饵而断送了性命。因此，小心翼翼地向这块食物看了又看。

“这准是钓饵，不能吃。”鲫鱼赶紧游开了。

鲫鱼找了半天也找不到其他吃的。过了一会儿，又游回到这个钓饵旁边。饥饿使它不得不对这块诱人的食物又进行了一番研究和观察。

“不行，绝不能上当！这块东西一定是钓饵。”鲫鱼警告自己，随即又游开了。

鲫鱼游了没多远，心里老记挂着那块鲜美的东西。不一会儿，又游回来了。

它再一次仔细地观察和分析着这块令人垂涎的美味。

“哦，看来似乎没有什么危险吧，让我试它一试。”鲫鱼便用尾巴打了一下钓饵。

钓饵在水中荡了几下，又垂挂在那儿纹丝不动。

“看来没什么问题。”鲫鱼想，“难道就白白放弃这样一块美味可口的东西？那不是太可惜了吗？”

鲫鱼犹豫不决，考虑再三。

“哎哟！肚子这样饿，眼看着这鲜美的食物不吃，可真难受啊！”鲫鱼在钓饵旁边转来转去。“上帝保佑吧！让我冒一次险，仅仅这一次。说不定是我自己过于谨慎了，其实一点危险也没有呢！”

这时候，鲫鱼看见远处有一条鲤鱼向它这儿游过来。

“快，再要迟疑，这美味的东西将是别人腹中之物了！”

说着，鲫鱼扑上去，张开大嘴把那块食物吞了下去。

“哎哟！我的妈……”

钓竿一提，鲫鱼上钩了。

不能抵抗人性弱点的诱导，让精神软化，势必不能主宰自我。鲫鱼终于没有抵抗住美味的诱惑，成为垂钓者的猎物。鲫鱼原本是小心谨慎的，只是因为欲望太盛，才沦为欲望的奴隶。

人常常也是如此，人的私心与贪欲常常使自己重重地跌倒在“欲望”的漩涡里。

事实上，我们所拥有的并不是太少，而是欲望太多。欲望使我们感到不满足、不快乐；欲望解除了我们的思想武装，使我们最终任人摆布。

不要因为想占有而危害他人

占有欲极强的人为了得到他想要的东西，会不择手段地伤害他人。

埃及有一个醋意极浓的男子名叫波加拉，他娶了一个美艳如花的妻子苏曼。结婚后不久，这个身材苗条的少妇在一次选美活动中独占鳌头，夺得冠军。苏曼夺得冠军后，引来了一些追求她的男士。

波加拉看到眼里，“爱”在心里，生怕妻子有朝一日被其他男人“撬”去。

于是，他苦思对策，终于想出一条“下策”：每晚待妻子睡下后，向她注射类固醇，使其身体发胖。不知是慑于“夫权至上”还是丈夫的巧言欺骗，苏曼一直任由丈夫摆布。经过半年的“催肥”，苏曼的身体不断“发福”，体重超过 90 公斤。

“我以为是染上了一种少见的疾病或是腺体有问题。”这个少妇向开罗一家报纸的记者说，“我请求丈夫带我去看医生，但他拒绝，他对我变得如此胖，似乎显得很高兴呢！我本是一个美丽的女人，不少男人都喜欢我，然而，现在我走在街上，连孩子们都取笑我。”

她的丈夫波加拉怎么说呢？他说："在商业社会里，我是一个很重要的男人，我不愿冒妻子被其他男人夺去的危险，所以，用药物'催肥'了她，现在，她胖得像一头大象，再也没有哪个男人想多看她两眼，这就使我心安了。"

人的欲望大多都是通过占有来实现的，占有欲潜藏在人性的深处。但有些人放纵自己的占有欲，自己得到的东西不想让他人沾手，自己得不到的东西宁可毁掉也不能让他人得到，这种欲望一旦靠危害他人来实现，就成了一种畸形的人性。任何一个人都不是谁私有的附属品，"拴"住对方的心要靠爱的付出，而不是怨的发泄。

贪心不足，后患无穷

贪心地跳来跳去，不但会使自己的美梦落空，还会失去原本舒适的生活。

一只跳蚤蹦到好心肠的看家狗身上，在它毛茸茸的狗皮上定居下来，日子过得挺舒适，饿了就从狗身上吸一点血，困了就躺在柔软的狗毛里睡大觉，什么也不用愁。

这一天，跳蚤突然闻到了一股诱人的羊毛气味。

"这是什么呀？"跳蚤对这气味很感兴趣，它跳了几跳，从狗毛里爬了出来。睁眼一看，原来是一张挂在墙上的熟羊皮，这张羊皮毛色洁白，质地松软，看上去舒服极了。

“啊，这是一张多么华贵的毛皮呀！”跳蚤大声赞美起来，把睡得正香的看家狗都吵醒了。跳蚤眼睛盯住那张令人羡慕的熟羊皮，心里琢磨起来：“它的毛是那么浓密、柔软、雅致，更主要的是它安全可靠。居住在这张羊皮上，就再也不用时时提防狗的尖牙和利爪了。我现在找的这条狗简直叫人难以忍受，它粗野，不懂礼貌，经常抓痒，到处找我。这种没完没了的捉迷藏游戏我讨厌透啦！再说，羊皮也一定比狗皮细嫩香甜得多。”

跳蚤拿定了主意，它不想放过这个难得的机会，决心搬到羊皮上去定居。于是，它憋足了力气，使劲一跳，一下子就蹦到了那张熟羊皮上。

可是事情却完全出乎跳蚤的意料，熟羊皮的毛又浓密又厚实，跳蚤用尽了吃奶的力气，拼命地往里面钻啊钻，好不容易才穿透了羊毛，找到了羊皮。

这时它已经又饿又累了，只想吸一口美味的羊血，可是它张开嘴一试，羊皮却像石板般坚硬，不管它怎样使劲，这块好吃的东西始终都啃不动。

跳蚤把自己搞得筋疲力尽，一身臭汗，它十分懊丧，决定放弃自己原先的想法，重新回到自己熟悉的看家狗身上去，再过以前的日子；可是当它好不容易才从羊毛里钻出来的时候，却发现那条狗已经不见了踪影。

可怜的跳蚤后悔极了，觉得自己冒失的选择是不能宽恕的，一连几天都在责备自己。最后，它在熟羊皮浓密的毛丛中完全迷失了路径，被苦恼和饥饿折磨死了。

像这只跳蚤一样，我们也总是对自己的生活现状感到不满意，房子不够大，车子不够高档，丈夫或妻子不够体贴，孩子不够聪明懂事，收入不够高，工作不够顺心如意……我们总想摆脱现在的状况去追寻那个心中的理想国，殊不知，“理想国”徒有一身美丽的躯壳，它的内在空空如也，或完全不适合自己。此时，也只有后悔当初了。

第三章

贪图安逸走向毁灭

TANTU ANYI
ZOUXIANG
HUIMIE

安逸的生活犹如地狱

长期的安逸会磨灭人的理想，摧毁人的斗志，最终毁掉人的一生。

有一个人死后，在去阎罗殿的路上，遇见一座金碧辉煌的宫殿。宫殿的主人请求他留下来居住。

这个人说："我在人世间辛辛苦苦地忙碌了一辈子，我现在只想吃、只想睡，我讨厌工作。"

宫殿的主人答道："若是这样，那么世界上再也没有比我这里更适合你居住的了。我这里有山珍海味，你想吃什么就吃什么，不会有人来阻止你；我这里有舒服的床铺，你想睡多久就睡多久，不会有人来打扰你，而且，我保证没有任何事情需要你做。"

于是，这个人就住了下来。

开始一段日子，这个人吃了睡，睡了吃，感到非常快乐。渐渐地，他觉得有点寂寞和空虚，于是他就去见宫殿主人，抱怨道："这种每天吃吃睡睡的日子过久了也没有意思。我现在是脑满肠肥了，对这种生活已经提不起一点儿兴趣了。你能否为我找一份工作？"

宫殿的主人答道："对不起，我们这里从来就不曾有过工作。"

又过了几个月，这个人实在忍不住了，又去见宫殿的主人："这种日子我实在受不了。如果你不给我工作，我宁愿去下地狱，也不愿再在这里住下去了。”

宫殿的主人轻蔑地笑了：“你以为这里是天堂吗？这里本来就是地狱啊！”

安逸的生活原来也是一种地狱。它虽然没有刀山可上，没有火海可蹈，没有油锅可赴，可它能渐渐地毁灭你的理想，腐蚀你的心灵，甚至可以让你变成一具行尸走肉。

每个人都向往安逸的生活，经历艰难困苦后短暂的安逸生活可以使我们得到休息和宁静。但是长期的安逸会磨灭人的理想，摧毁人的斗志，最终毁掉人的一生。

不要被安逸生活所累

不愿离开舒适安逸的生活，即便是鹰也不会再展翅飞翔了。

有一个老人在山里打柴时，拾到一只很小的样子怪怪的鸟，那只怪鸟和出生刚满月的小鸡一样大小，也许因为它实在太小了，又不会飞，老人就把这只怪鸟带回家给小孙子玩耍。老人的孙子很调皮，他将怪鸟放在小鸡群里，充当母鸡的孩子，让母鸡养育。母鸡没有发现这个异类，全权负起一个母亲的责任。怪鸟一天天长大了，后来人们发现那只怪鸟竟是一只鹰，人们担心这只鹰再长大一些会吃鸡。为了保护鸡，人们一致强烈要求：要么杀了那只鹰，要么将它放生，让它永远也别回来。因为和这只鹰相处的时间长了，有了感情，这一家人自然舍不得杀它，他们决定将它放生，让它回归大自然。然而，他们用了许多办法都无法让其重返大自然，他们把它带到很远的地方放生，过不了几天，那只鹰又飞回来了，他们驱赶它不让它进家门，他们甚至将它打得遍体鳞伤……许多办法试过了都不奏效。最后他们终于明白：原来鹰是眷恋它从小长大的家园，舍不得那个温暖舒适的窝。

后来村里的一位老人说：把鹰交给我吧，我会让它重返蓝天，永远不再回来。老人将鹰带到附近一个最陡峭的悬崖绝壁旁，然后将鹰狠狠向悬崖下的深涧扔去。那只鹰开始也如石头般向下坠去，然而快要到涧底时，它终于展开双翅托住了身体，开始缓缓滑翔，然后轻轻拍了拍翅膀，飞向了蔚蓝的天空，它越飞越自由舒展，越飞动作越漂亮。它越飞越高，越飞越远，渐渐变成了一个小黑点，飞出了人们的视野，永远地飞走了，再也没有回来。

沉湎于安逸，是人性中惰性的反映。人们喜欢舒适安逸的生活，一旦适应了它，便不愿再离开、再改变。但是，舒适会束缚住飞翔的翅膀，也许再也不能展翅高飞了。只有将自己置身于生活的悬崖边，经受危难的考验，生活才会更精彩，天空才会更蔚蓝。

一个实干者胜过一百个空想家

做事得尽早着手，干完后再去想，因为一个实干者胜过一百个空想家。

艾米是一个可爱的小姑娘，可是她有一个坏习惯，那就是她每做一件事时，都把时间花在准备工作上，而不是马上行动。

和艾米住在同一个村子里的索顿先生有一家水果店，里面出售本地产的草莓这类水果。一天，索顿先生对贫穷的艾米说：“你想挣点钱吗？”

“当然想，”她回答，“我一直想有一双新鞋，可家里买不起。”

“好的，艾米。”索顿先生说，“格林家的牧场里有很多长势很好的黑草莓，他们允许所有人去摘。你去摘了以后把它们都卖给我，一夸脱我给你 13 美分。”

艾米听说可以挣钱，非常高兴。于是她迅速跑回家，拿上一个篮子，准备马上就去摘草莓。

这时，她不由自主地想到，得先算一下采 5 夸脱草莓可以挣多少钱比较好。于是她拿出一支笔和一块小木板，计算结果是 65 美分。

“要是能采 12 夸脱呢？”她计算着，“那我又能赚多少呢？”

“上帝呀！”她得出答案，“我能得到 1 美元 56 美分呢。”

艾米接着算下去，要是她采了 50、100、200 夸脱，索顿先生会给她多少钱。她将不少时间花费在这些计算上，一下子已经到了中午吃饭的时间，她只得下午再去采草莓了。

艾米吃过午饭后，急急忙忙地拿起篮子向牧场赶去。而许多男孩子在午饭前就到了那儿，他们快把好的草莓都摘光了，可怜的小艾米最终只采到了一夸脱草莓。

回家的途中，艾米想起了老师常说的话：“办事得尽早着手，干完后再去想。因为一个实干者胜过一百个空想家。”

我们都喜欢想象，想象如果将这份工作做好可以在两年内提升，五年内开一家自己的公司，十年内将公司变为跨国企业，十五年的财富可以荣登财富榜前几位；想象着过上高质量的生活，尽情享受休闲与娱乐。

然而，更多的人只是停止在了想象层面，却从来不愿将想象去付诸实践。渐渐地，连他自己都忘记了美好想象的根本是“把现在的工作做好”，想象也就变成了空想、妄想，成了一个永远也不可能实现的梦。

别为自己找借口

说得再多也不如行动，行动是成功最有力的保障。

在西部边远地区有两个和尚，其中一个贫穷，一个富裕。

有一天，穷和尚对富和尚说："我想到南海去，您看怎么样？"

富和尚说："你凭借什么去呢？"

穷和尚说："一个水瓶、一个饭钵就足够了。"

富和尚说："我多年来就想租条船沿着长江而下，现在还没做到呢！你凭什么去？"

第二年，穷和尚从南海归来，把有关南海的事告诉富和尚，富和尚深感惭愧。

在做一件事之前，很多人都会想：现在已经万事俱备了吗？结果在绝大多数时候他们都放弃了最初的想法，因为他们发现所拥有的有利条件实在太少了，在一步步说服自己放弃的同时连最后的想法都会失去。

适当的冒险可以带来快乐

舒适的生活之余，适当的冒险活动也可以给你带来无尽的快乐。

天上刮着大风下着大雨，螃蟹在海滩上踱来踱去，他看见龙虾正准备驾船出海，感到很惊奇。

"虾大哥，"螃蟹说，"这样的天气还冒险出海，未免太鲁莽了吧！"

"当然会有些危险，"龙虾说，"不过，我喜欢海上的风暴。"

"那我陪你一起去，"螃蟹说，"我可不能让你独自出海冒险。"

于是，龙虾和螃蟹一起出海了，不一会儿，他们就远离了海岸。汹涌的海浪打得小船颠簸起伏。

龙虾在狂风呼啸中大声叫喊："螃蟹老弟，对我来说，咸滋滋的浪花最能使人振奋，波涛的撞击简直使我高兴得喘不过气来。"

"虾大哥，我发觉我们的船正在往下沉！"螃蟹胆战心惊地叫了起来。

"一点不错，我们是正在下沉。这条旧船到处都是裂缝。勇敢些，蟹老弟，我们都是大海的子孙哪。"

小船果真翻了个身，沉了下去。

"太可怕了，太可怕了！"螃蟹惊叫起来。

"走，让我们下去吧。"龙虾说道。

螃蟹惊恐不安。龙虾搀着它沿着海底缓步行走。"你看，我们多么勇敢地冒了次险，多有意义啊！"龙虾说。螃蟹渐渐觉得好受些。尽管它一向喜欢过安稳的生活，此时它也不得不承认，这一天虽然历尽风险，确也很有几分乐趣。

哪怕小小的冒险也能使生活增添生气。

在舒适的环境中生活得久了，人们会逐渐安于现状，丧失了再去冒险的勇气。这是人性的常态。但是，生活中有了风和雨才会有更加美丽的彩虹，所以一点小小的冒险会给本已平淡无奇的生活带来一点生机和快乐。

未雨绸缪才能有备无患

只有居安思危，做到未雨绸缪，才能够有备无患。

狐狸晚饭后无事闲逛，看到一只野猪在大树旁勤奋地磨獠牙，在傍晚的霞光下，野猪的獠牙显得格外锋利。

狐狸觉得不可思议，走上前去好奇地问野猪："野猪大哥，你在做什么啊？你身边既没有猎人的追赶，也没有老虎的身影，既然没有任何危险为什么还要这般用心地磨牙呢？没有对手，就是把牙磨得再锋利也没有用啊。不如我们一起去玩个痛快吧。"

野猪并没有停下来，而是从容地回答说："一旦危险来临，就没时间磨牙了。现在磨利，等到要用的时候就不会慌张了。你想想看，猎人或者老虎来的时候还会耐心地等我磨牙吗？"

这时，一只凶猛的老虎冲了出来。狐狸立刻吓得魂飞魄散，站在原地一动不能动。而野猪则面向老虎，亮出锋利的獠牙，做好了战斗的准备。

老虎看到野猪早有防备，只好灰溜溜地跑掉了。

而狐狸这时才佩服得五体投地："野猪，还是你做得对！如果遇事再磨牙，一切都晚了。"

贪图安逸是人性的弱点。在舒适的环境中生活的时间过长，

便会消磨人的斗志和毅力，削弱人的危机意识，使人在危险突然降临时不能做出及时的应对而受到伤害。只有居安思危，在危险到来之前就做好应对危难的准备，才能够做到有备无患。

最美的是过程

品味过程之美，才会懂得珍爱生命中的每一天，拒绝和抛弃那些不必要的精神压力和束缚。

一个很穷的小伙子，每天都要上班做工。

一天，他在路上捡到一把神奇的钥匙。神奇的钥匙告诉小伙子，它能满足他的一切心愿。

小伙子想：如果我现在能有好多好多的钱该多好啊，我就不用每天辛苦地做工了。

小伙子刚这么一想，他就有了很多的钱。

这时小伙子又想起了自己喜欢的姑娘：如果她马上成为我的妻子该有多好！

于是，他喜欢的姑娘立即成了他的妻子。

小伙子又想：我有这么多钱，又有了妻子，我不想再等了，我现在希望自己有很多孩子，以便继承我的家产。这样，小伙子又有了许多孩子。

所有的过程都被简化了，小伙子一下子拥有了想要的一切。不过他发觉自己也已经变成了一个老头子。

小伙子懊丧地说："噢，不，请求你，神奇的钥匙，将我变回原来的样子吧！我想每天出去做工赚钱，晚上瞒着姑娘的父母偷偷约她出去，牵着她的手在树林中散步，让这一切都慢慢来吧。"

可是，神奇的钥匙却不再理他了。

急于求成是人的一个本性。生活中大多数人都急于奔向目标而忽略了过程中的美丽风景。

其实，抛弃对过去和未来的忧虑，能帮助你享受现在每一天的快乐，让你能够在它们最新鲜的时候去品尝和欣赏。

在与对手的较量中自强

没有天敌的动物往往最易灭绝，而有天敌的动物则会在优胜劣汰中逐渐强大。大自然的这一规律在人类社会中同样存在。

在非洲大草原的奥兰治河两岸生活着许多羚羊。动物学家发现，东岸的羚羊繁殖能力比西岸的强，奔跑的速度也比西岸的快。对这些差别，动物学家百思不解，因为这些羚羊的生存环境是相同的。于是，动物学家在东西两岸各捉了10只羚羊，然后分别把它们送到对岸。

一年后，送到西岸的10只繁殖到了14只，而送到东岸的10只仅剩下3只，那7只全被狼吃掉了。后来才发现东岸的羚羊之所以强健，是因为它们的附近生活着狼群；西岸羚羊之所以弱小，正是由于它们缺少这么一群天敌。

马拉松运动员都知道，要想创造最好的成绩必须有“敌人”帮助。如果一个人遥遥领先，那么打破纪录是不可能的。而如果有两个人竞争冠军，在轮番领跑中，每个人的潜力才会被最大限度地挖掘出来，才有可能创造崭新的纪录。

人生如登山

追求幸福，免不了要触摸痛苦。

一位喜欢登山的年轻人去拜访一位著名的登山专家，向他讨教有关登山的问题。其中一个问题是：“如果我们在半山腰，突然遇到大雨，应该怎么办？”

登山专家说：“你应该向山顶走。”

“为什么要往山上走呢，那样风雨不是更大吗？”年轻人疑惑地问。

“往山顶走，固然风雨可能更大，却不足以威胁你的生命；向山下跑，看起来风雨小些，却可能遇到暴发的山洪而被活活淹死。”登山专家严肃地说，“对于风雨，逃避它，可能被卷入洪流；迎向它，你反而能获得生机！”

趋利避害的人性决定了人们在面对风雨和困难时，第一反应是逃避。其实，逃避困难只会让困难更为加剧。“不敢冒险是最大的风险”，这句话送给胆小如鼠者再合适不过了。人生也是如此，对待苦难迎头而上的将有出人头地的机会；反之，逃避的将被苦难永远深埋。“无限风光在险峰”，真正的成功永远属于勇于冒险的人。

生活需要风雨的历练

害怕暗礁而躲在港湾中，虽然不会有什么危险，但是你永远无法达到渴望的目的地。

在一棵干枯的桑树上住着一只蜗牛，这只蜗牛自出生以来，就一直住在这棵树上。

一天，风和日丽，蜗牛小心翼翼地伸出头来看了看，慢吞吞地爬到地面上，把一节身子从硬壳里伸到外面，懒洋洋地晒太阳。

这时，蚂蚁正在紧张地劳动，一队接着一队急速地从蜗牛身边走过。看见蚂蚁在阳光下来回走动的样子，蜗牛不觉有些羡慕起来，于是，它放开嗓门对蚂蚁说："喂，蚂蚁老弟，看见你们这样，我真羡慕你们啊！"

一只蚂蚁听到了，就停在蜗牛旁边，仰着头对蜗牛说："来，朋友，咱们一起干活吧！"

蜗牛听了，不由自主地把头往回缩了一下，有点惊慌地说："不，你们要到很远的地方去，我不能跟你们一起去。"

蚂蚁奇怪地问："为什么啊？走不动吗？"

蜗牛犹豫了半天，吞吞吐吐地说："离家远了，要是天热了怎么办呢？要是下雨了怎么办啊？"

蚂蚁听了，没好气地说："要是这样，那你就躲到你的那个硬壳里好好睡觉吧！"说完，匆匆追赶自己的大部队去了。

对蚂蚁的话，蜗牛倒也不怎么在乎。不过，蜗牛实在想到远处看看。经过深思熟虑之后，蜗牛终于大着胆子把自己的另一节身子也从硬壳里伸了出来。正在这时，几片树叶落在地上，发出轻微的响声，蜗牛吓得像遭遇了雷击一样，一下子就把整个身子缩回硬壳里去了。

过了好久，蜗牛才小心翼翼地把头伸到外面，外面仍然像先前一样的晴朗和宁静，并没有发生什么事情。只是蚂蚁已经走得很远了，看不见了。

蜗牛悠悠叹了一口气说："唉！我真羡慕你们啊！可惜我不能和你们一起走。"说完，依旧懒洋洋地晒太阳。

人类的心理有时和蜗牛的心理差不多，对于挫折总是下意识地逃避，就好像手碰到火、触到电会缩回去一样。但是人生的某些挫折不会因为你逃避它就消失，相反，它还会因为你的逃避而由意识变为潜意识，再不知不觉地由潜意识变成无意识，最终它会一辈子跟随你，干扰你的正常生活。所以碰到挫折，解决的方法只有一个，就是勇于去面对。大胆面对挫折，想办法去克服它，它就会慢慢消失掉。

经受雕琢才能完美

即使天资再好，若经受不住雕琢之苦，也不能成为完美的艺术精品。

一位著名的雕刻师准备塑造一尊佛像供人供奉，经过精挑细选，他看上一块质感上乘的石头，开始雕刻。没想到才拿起锉刀敲几下，这块石头就痛不欲生，不断哀号：“好痛，好痛，师傅，不要再刻了，还是让我躺着吧！”师傅只好停工，让其躺在地上，另外找了一块质感差一点的石头重新雕刻。这块石头任凭刀琢棒敲，一概咬紧牙关坚忍承受，默然不出一语。师傅渐入佳境，在精雕细琢下，果然雕成了极品，大家惊叹其为杰作，将佛像送到大雄宝殿，供善男信女日夜顶礼膜拜。从此，该庙宇香火鼎盛，远近驰名。不久，无法忍受雕刻之痛的那块石头被人废物利用，铺在通往庙宇的马路上。人车频繁经过，又要承受风吹雨打，实在痛苦不堪，石头内心愤愤不平，质问庙里那尊佛像，说道：“你资质比我差，却享尽人间礼赞尊崇，我却每天遭受凌辱践踏、日晒雨淋，凭什么？”佛像只是微笑，说：“你天资虽好，却耐不住雕琢之苦，怎能抱怨别人呢？”

人总想得到自己要想的东西，然而又想逃避努力，这是不可能的。惰性太重的人成就不了大事。冰心曾经说过：“成功的花儿，人们只惊羡它现时的美丽。当初它的芽儿却浸透了奋斗的泪水，洒遍了牺牲的细雨。”如果把生命比作一把披荆斩棘的“刀”，那么挫折就是一块不可或缺的“磨刀石”，为了使生命这把“刀”更加锋利，就必须勇敢地接受挫折的磨砺。梅花香自苦寒来，经受过痛苦的人才能尝到幸福的喜悦。

永远错过的时机

时机不是等来的，而是要你在它消失前一把抓住它。

有一个创业的年轻人在遭受了几次挫折后，有点灰心了，很茫然地依靠在一块大石头上，懒洋洋地晒着太阳。

这时，从远处走来了一个怪物。

“年轻人！你在做什么？”怪物问。

“我在这里等待时机。”年轻人回答。

“等待时机？哈哈……时机是什么样，你知道吗？”怪物问。

“不知道。不过，听说时机是个神奇的东西，它只要来到你身边，那么，你就会走运，或者当上了官，或者发了财，或者娶了个漂亮老婆，或者……反正，美极了。”

“嗨！你连时机什么样都不知道，还等什么时机？还是跟着我走吧，让我带着你去做几件于你有益的事吧！”怪物说着就要来拉年轻人。

“去去去，少来这一套！我才不会跟你走呢！”年轻人不耐烦地说。

怪物叹息着离去。

一会儿，一位长髯老人(我们常说的时间老人)来到年轻人面前问：“你抓住它了吗？”

“抓住它？它是什么东西？”年轻人问。

“它就是时机呀！”

“天哪！我把它放走了！”年轻人后悔不迭，急忙站起身呼喊时机，希望它能返回来。

“别喊了。”长髯老人接着又说，“我来告诉你关于时机的秘密吧。它是一个不可捉摸的家伙。你专心等它时，它可能迟迟不来；你不留心时，它可能就来到你面前；见不着它时你时时想它，见着了它时，你又认不出它；如果当它从你面前走过时你抓不住它，那么它将永不回头，这时你就永远错过了它！”

“你在干什么？”“我在等待。”这是我们经常能够听到的对话。我们等待机遇、等待成功、等待天上能够掉下馅饼，却不懂得要自己去行动。对一个人的成功产生决定性影响的机遇是不多的，只有积极地行动，才能抓住转瞬即逝的机遇。

不能改变环境就改变自己

不要总希望环境适应自己，当环境发生变化时，只有积极地改变自己才能够在社会上更好地生存。

森林里，住有三只蜥蜴。其中一只看到自己的身体和周围的环境不大相同，便对另外两只说："我们住在这里实在太不安全了，要想办法改变环境才行。"说完，这只蜥蜴就开始大兴土木干了起来。另一只蜥蜴看了说："这样太麻烦了，环境有时不是我们能改变的，不如我们另找一个地方去生活。"说完，便拿起包袱走了。第三只蜥蜴也看了看周围环境，问道："为什么一定要改变环境来适应我们呢？为什么不改变自己来适应环境呢？"说完，他借着阳光和阴影，慢慢改变自己的肤色。不一会儿，他就渐渐在树干上隐没了。

在一成不变的环境中生活得久了，就会慢慢丧失变化的勇气。当外界环境发生变化威胁到自己时，人性中"逃避"的一面就会显露出来。但是，逃避并不能从根本上解决问题，只有积极勇敢地面对发生在自己身上的一切，审时度势，努力地想对策，用自己的改变来应对外界的变化，才能够算得上是上策。

浪费今天等于下地狱

“还有明天”，这句简单的话能够扼杀一个人的心智，殊不知浪费了今天等于下地狱。

有段期间，因为下地狱的人锐减了，阎王便紧急召集群鬼，商讨如何诱人下地狱。

群鬼各抒己见。

牛头提议说：“我告诉人类：‘丢弃良心吧！根本就没有天堂！’”阎王考虑了一会儿，摇摇头。

马面提议说：“我告诉人类：‘为所欲为吧！根本就没有地狱！’”阎王想了想，还是摇摇头。

过了一会儿，旁边一个小鬼说：“我去对人类说：‘还有明天！’”阎王终于点了点头。

扼杀我们心智的最可怕的一句话居然是“还有明天”。“还有明天”，这是一个可怕的心理认识，让人不思进取，蹉跎岁月，白费生命。这也就成了人做事拖延的借口，也是许多人一事无成、无所事事的原因。

寻找天堂

美好的生活要用劳动去创造，与其徒劳地到处寻找天堂，不如脚踏实地建设“天堂”。

很久很久以前，一场凶猛的洪水吞没了草原，摧毁了森林，把鸟儿们富饶的家园荡涤成一片荒凉。

面对一片凄凉的景象，大雁伤心极了。它们决定离开家园，去寻找传说中那幸福的天堂。

雁儿们排着队飞啊，飞啊，飞到南方，四处去寻找天堂。可是，那儿的夏天热得像火，于是它们又往北方飞。

它们飞啊，飞啊，飞到北方，四处去寻找天堂。可是，那儿的冬天冰天雪地，于是它们只得再回南方……

就这样，一年一年过去了。南来北往，从古到今，大雁还没有寻找到一块安身的地方。

这时候，那些留在家园的鸟儿们却把家乡建成了真正的天堂。雄鸡，每天一早把大家唤醒；布谷鸟，分秒不误地催人们耕种；啄木鸟，夜以继日地给树木治病；百灵鸟，用美妙的歌喉为大家歌唱……

据说，大雁有一天回到了故乡，羞愧极了，感慨地说：“天堂原来是建成的，而不是现成的！”

世界上根本不存在现成的“天堂”，美好的生活要用劳动去创造。与其徒劳地到处寻找天堂，不如脚踏实地建设“天堂”，“天堂”需要我们用勤劳的双手去创造。

勤劳是做人的根本，这句话是最简单不过的常识，却道出了人生的真谛。

告别平庸的生活

人生是旅途，也许终点和始点会重合，但我们如果一开始就站在始点等待人生的完结，那人生就会一片苍白，而少了美丽的风景和令人难忘的过往。当我们告别人生的时候，也就不知道生命的色彩和意义。

一位商人去旅游，他住在海边的一个小渔村里。他注意到那里有一位渔民，每天在大海中打捞几条鱼便回来。

商人很奇怪，问："你为什么不多花些时间多捕一些鱼呢？"

渔民说："这些鱼已经够我吃的了，何必多操那份心呢？"

商人问："那你每天还有那么多时间都干些什么？"

渔民说："回来和孩子们玩一会儿，和老婆聊聊天，到黄昏的时候，和老哥们一起喝喝酒。"

商人很不以为然，他告诉渔民："如果你能按照我说的去做，也许你会生活得更好。"

渔民笑着点了点头。

商人又说："你在大海中多停留一会儿，抓到更多的鱼，可以赚到更多的钱。有了钱之后，你可以拥有一只大船，甚至一支船队。这样你每天有几十吨的鱼，可以自己开办加工厂，进行直销。你就会拥有大量金钱，有了钱之后你可以去洛杉矶甚至纽约。"

渔夫问："到那儿做什么呢？"

商人说：“到了那里，你可以做更大的生意，变成一个大富翁，你的钱财一辈子也花不完。”

渔夫问：“那么，再然后呢？”

商人哈哈大笑：“然后你就可以退休啦！到时你可以搬到你家乡的小渔村去住。每天睡到自然醒，出海随便抓几条鱼，和孩子玩儿玩儿，与老婆说说话，到了黄昏再和老哥们喝喝酒，你的一生就算过去了。”

渔夫说：“可我现在就在过这样的生活啊。”

“但是，你却失去了美丽人生的奋斗过程！”商人感叹道。

满足于自己现在的生活状况是人的通病，它就像一把隐形的刀子，会慢慢瓦解掉人的斗志，使人丧失掉智慧和勇气，增长人的惰性，使人甘于平庸的生活。

然而，即使是同样的人生结局，就因为有了不同的过程，也会显得意义不同。如果省略了那些曲折动人的奋斗历程，那么也就失去了辉煌而精彩的人生。

要梦想，更要有行动

只有梦想而没有实际行动，只能停留在梦想上而没有进步。

深秋来临了，树叶片片落下，年轻的乞丐乔伊斯一整天都没有讨到吃的东西，他走到一条街道拐角处，靠着石梯迷迷糊糊地睡着了。

睡梦中，乔伊斯得到了一大笔金钱，他用这笔金钱开办了几家大公司，购置了一所有花园的别墅，娶了一位身材修长、美丽善良的姑娘。这位姑娘为他生了三个健壮的儿子。三个儿子长大之后，一个成了杰出的科学家，一个当上了国会议员，最小的儿子则成了一位将军。不久，儿子们娶妻，给乔伊斯添了几位活泼可爱的孙子。

乔伊斯后来成为世界级富豪，日子过得舒坦极了，他常常带着妻子和孙子们登上市内最高的观光塔，心满意足地观赏着城市的美景。一天，当他抱着最小的一位孙子正在塔顶观看晚霞的时候，不知怎么一下子从塔顶上摔了下来……

他一下子醒了过来，睁开眼睛一看，自己仍然躺在冰冷的石板上，刚刚发生的一切都只是在梦中。只有怀中抱着的一件破棉袄仿佛在提醒他，现在最需要的是找点填肚子的东西。

做梦是每一个人天赋的权利。故事中的乞丐做了一场几乎不可能实现的、虚幻的、甜蜜的美梦，他梦里的东西太美妙了，可惜梦想不能当饭吃，他仍然面临着生存的危机。如果只有梦想而不愿为梦想付出努力、付出行动，那么，梦想也只能停留在原处，终究没有实现的那一天。

第四章

伤害是把双刃剑

SHANGHAI
SHI BA
SHUANG REN
JIAN

为人不要太刻薄

尖酸刻薄型的人，是在任何交际网里都不受欢迎的人。他们的特点是和别人争执时往往挖人隐私不留余地，同时冷嘲热讽无所不为，令对方自尊心受损、颜面尽失。

年事颇高的骡子是公司里一位人见人厌的人物。闲暇之时，它总爱和同事们找碴争执，一旦它缠上了谁，就极尽取笑、挖苦嘲讽之能事，使人脸上无光、自尊心受损。

同事小马是位新进公司不久的年轻人，工作经验不足，一次和客户联系业务时发生口角，结果被公司牛经理狠狠批评了一顿。骡子得知后阴阳怪气地说："你这小伙子，那么点小事都处理不好。难怪老板收拾你，你还太嫩呀！"

几句话气得小马脸色都变了，没等到它反驳，骡子接着转身对其他同事说："大伙不知道吧，小马搞对象倒挺有本事，昨天我还看见它搂着女孩逛大街、玩潇洒呢！"

接着它站起来，倒了一杯水说道："太嫩了，还是太嫩了。"

别人挨了批评，可它也太幸灾乐祸了，它觉得取笑别人自己心里很舒服，它的嘴就是这么刻薄。

幸灾乐祸、尖酸刻薄是人性中的丑恶现象。尖酸刻薄型的人，是在任何交际网里都不受欢迎的人。他们的特点是和别人争执时往往挖人隐私不留余地，同时冷嘲热讽无所不为，令对方自尊心受损、颜面尽失。

这种人平常以取笑、挖苦别人为乐，将自己的快乐建立在别人的痛苦之上。天生得理不饶人，牙尖嘴利。由于他们的“言语犀利”，因此基本没有什么朋友。他们之所以能够生存，是因为别人懒得理他们。

这种人在生活、工作中不得不防。

搬弄是非，自己砸自己的脚

谎言终究会被拆穿，谣言终究会消散，那时，搬弄是非者只能搬起石头砸自己的脚。

古时候，老虎是百兽之王。一天，野兽们听说虎王的腿有了病，不能行走，痛苦地躺在深山老林里，便成群结队去探望。可是，唯独狐狸没有去。狼觉察到了，无中生有地向老虎禀报说：“大王！狐狸这家伙可傲慢啦，它压根儿不把陛下放在眼里。我告诉它虎王患了病，约它一同前来慰问您，可是它却说：‘虎王患了腿病与我何相干！’唱着歌儿走开了。您应该严厉惩罚它！”

虎王阴着脸，愤愤地“哼”了一声，说：“待我的病好了，教育教育这小子。”

狐狸从别的野兽嘴里听说狼搬弄是非，故意找它的碴儿，心头的怒气怎么也平息不了。它听说虎王的病越来越重，甚至到了九死一生的地步，一天便独个儿来到虎王面前。

老虎见狐狸笑悠悠地站在它面前，大声吼道：“哼，小妖精！我腿疼得快要死了，你倒还咧着嘴笑哩！”

狐狸“嘿嘿”笑得更加合不拢嘴巴了。说道：“伟大的虎王陛下，我为您找来了药方，怎么会不高兴呢！我听说您害了病，心中火烧火燎，便赶忙去找医生为您求药。我问遍了所有的医生，它们都说：‘想治好虎王的病，必须把狼的右前腿从骨节处砍断，剥下皮，把骨髓涂在虎王的腿上，然后用皮包扎住，保准很快就会好的。’”

被疾病折磨得“哎哟，哎哟”叫唤的老虎，信以为真，立刻命令卫士带来那只狼，照狐狸说的，把它的右前腿从骨节处砍断，剥下皮来，砸烂骨头，掏出骨髓，为自己治病。

从此，那只搬弄是非的狼少了一条腿，走起路来跳跳拐拐，可怜地度过了一生。

搬弄是非，唯恐天下不乱，是一种晦暗的人性。然而，我们的生活中就是有这样一些人，他们管不住自己的嘴巴，今天说说东家长，明天谈谈西家短，四处散播谣言、搬弄是非，并以此为乐。

然而，谎言总有拆穿的一天，谣言总有消散的一刻，当真相大白时，搬弄是非者往往不能够自圆其说，那时，他们只能搬起石头砸自己的脚。

报复是一把双刃剑

世界上最宽阔的是海洋，比海洋宽阔的是天空，比天空更宽阔的是人的胸怀。

一位画家在集市上卖画，不远处，前呼后拥地走来一位大臣的孩子，这位大臣在年轻时曾经把画家的父亲欺诈得心碎死去。这孩子在画家的作品前流连忘返，并且选中了一幅，可是画家却匆匆地用一块布把它遮盖住，并声称这幅画不卖。

从此以后，这孩子因为心病而变得憔悴，最后，他父亲出面了，表示愿意付出一笔高价。可是，画家宁愿把这幅画挂在自己画室的墙上，也不愿意出售。他阴沉着脸坐在画前，自言自语地说：“这就是我的报复。”

每天早晨，画家都要画一幅他信奉的神像，这是他表示信仰的唯一方式。

可是现在，他觉得这些神像与他以前画的神像日渐相异。

他苦恼不已，不停地找原因。然而有一天，他惊恐地丢下手中的画跳了起来：他刚画好的神像的眼睛，竟然是那大臣的眼睛，嘴唇也那么酷似。

他把画撕碎，并且高喊：“我的报复已经回报到我的头上来了！”

报复是一把双刃剑，在伤害别人的同时也是伤害了自己。画家深有感触，并想起他父亲给他讲述的故事。

一只蜂房里的蜂后把刚从蜂房里取出来的蜜献给天神。天神对蜂后的奉献很高兴，就答应给它所要求的任何东西。

蜂后于是请求天神说："请你给我一根刺，如果有人要取我的蜜，我便可以刺他。"天神很不高兴，因为他很爱人类，但因为已经答应，不便拒绝蜂后的请求，于是天神回答："你可以得到刺，但那刺会留在对方的伤口里，而你将因为失去刺而死亡。"

报复是一把双刃剑，伤害别人的同时也会伤害到自身。心中想着报复别人，行为便趋向罪恶；心中有了恶，恶便支配了你的心灵，头脑被报复的念头所占据，报复也会回到自己的头上。

为什么不去宽恕那些曾经伤害过自己的人呢？摒弃人性中报复的情结，可以让你放下不快与积怨，使你头脑更加清醒。总想着去报复和伤害别人，最终自己往往也要付出伤痛的代价。

距离产生安全感

人与人之间总要保持一定的距离，这样彼此才能有足够的安全感。

为了研究刺猬在寒冷冬天的生活习性，生物学家做了这样一个实验。他们把十几只刺猬放到户外的空地上，这些刺猬被冻得浑身发抖，为了取暖，它们只好紧紧地靠在一起；而互相靠拢后，又因为忍受不了彼此身上的长刺，很快就又分开了。

可天气实在太冷了，它们又靠在一起取暖。然而，靠在一起时的刺痛使它们不得不再度分开。挨得太近，身上会被刺痛；离得太远，又冻得难受。就这样反反复复地分了又聚，聚了又分，不断地在受冻与受刺之间挣扎。最后，刺猬们终于找到了一个适中的距离，既可以相互取暖，又不至于被彼此刺伤。

作为社会中的人，融入群体是人的本能，但在群体中保持独立的个性又是人性中的一个根本点。有些人在与别人熟悉之后便不分你我，甚是亲密。实际上，这在人际关系的处理上是一个大忌。每个人都需要有自己的独立空间，不希望与其他人太过亲密。如果有人超越了他的距离底线，他就会不舒服，会担心那个人是否会窥知自己过多的消息，会有一种不安全感。这时，他便会自然地和那个人保持一定的距离，以便彼此拥有足够的自由空间。

高贵源于内心

高贵来自于内在心灵而不是外表、衣饰。高贵是内在气质的自然表现，它不需要任何装饰来加以衬托。

孔雀常为自己有一身美丽的羽毛而得意，它认为自己可与人类的皇后相媲美。遗憾的是，鸟类中几乎没谁把它当成高贵的皇后来看待。

一天，有只鹤刚好经过孔雀身边。

“喂，你就不能停下脚步看我一眼吗？”正在开屏的孔雀喊住了步履匆匆的鹤。

“对不起，我还有很多事等着要做，没时间欣赏你的羽毛。”鹤说完，又迈开了大步。

孔雀却拦住了鹤的去路，并嘲笑它，讥讽它灰白色的羽毛，说：“我的衣饰像个皇后，不仅有金色还有紫色，还具有彩虹所有的色彩，而你呢，你的翅膀上连一点点彩色也没有。”

“这一点儿都不错，但是我一飞上天，声音闻于星空，而你却只能在地下，像鸡一样，在满是粪堆的院子里，在家禽之间来回闲逛。”

以貌取人，习惯于从事物的表象去评判是非，是人性的误区。孔雀因为有一身漂亮的羽毛，就理所当然地认为自己是最高贵的了。它趾高气扬地去嘲笑鹤，却不知道高贵来自于内在心灵而不是外表、衣饰。高贵是内在气质的自然表现，它不需要任何装饰来加以衬托。

友善胜于狂暴

温和、友善永远强过激烈和狂暴。

一天，太阳与风正在争论谁比谁强壮，风说："当然是我。你看下面那位穿着外套的老人，我打赌，我可以比你更快地叫他脱下外套。"

说着，风便用力对着老人吹，希望把老人的外套吹下来。但是它愈吹，老人愈把外套裹得更紧。

后来，风吹累了，太阳便从后面走出来，暖洋洋地照在老人身上。没多久，老人便开始擦汗，并且把外套脱下。太阳于是对风说道："温和、友善永远强过激烈与狂暴。"

有些人习惯了以粗暴的态度对待周围的人。然而，友善地对待他人，给他人以温暖和关怀，可以得到他人的理解与支持，引起心灵上的共鸣，从而会在无形之中消除对方的抵触和敌对情绪，达到顺畅交流的目的；而粗暴的态度只能招致反感与抵抗。

鹬蚌相争终使渔翁得利

互相伤害的行为不会给自己带来任何好处，只能使冷眼旁观的第三者得到利益。

一只蚌正张开两壳晒太阳，鹬鸟飞过来，伸出长长的嘴巴想啄食它的肉。蚌一下子合住双壳，把鹬鸟的嘴紧紧地夹住了。

鹬鸟对蚌说："今天不下雨，明天不下雨，就会把你干死！"

蚌对鹬鸟说："今天不放你，明天不放你，就会把你饿死！"

它们两个各不相让，谁也不肯放开谁。这时，一个渔夫走过来，一下子把它们都捉走了。

为了显示自己的强大，人们会互相争狠斗气。为了无谓的争夺，双方互不相让，甚至恶意中伤。双方不但谁也不会得到好处，最终还往往造成两败俱伤的结局，使得冷眼旁观的第三者坐收渔翁之利。

彼此中伤会使你失去好机会

人们都不愿揭露自己的不足，但彼此的中伤会失去一些使你更加优秀的好机会。

有一天，神王朱庇特说："所有动物听旨，如果谁对自己的相貌体形有意见，今天可以提出来，我将想办法给予修正。"

神王先问猴子："猴子，你先说，你与它们比，觉得谁最美，你满意你的形象吗？"

猴子回答说："我的四肢完美，相貌至今也无可挑剔，对此我十分满意。比较而言，我的熊老弟长相就粗笨了些。"

这时，熊蹒跚地走上前来，大伙以为它会承认自己相貌不扬，谁知它却吹嘘自己外表威武，同时又去评论大象，说大象尾巴太短，耳朵又太大，身体蠢笨得简直没有美感可言。

老实的大象听了这番话，言辞恳切地回答说：“以我的审美观来看，海中的鲸要比我肥胖多了，而我觉得蚂蚁太小……”

这时，细小的蚂蚁抢着说：“微生物是那么的小，和它们比，我像是一头巨象。”

这些动物互相指责，没有一个肯承认自己有不足之处，神王朱庇特只好挥手让它们退下。

人们总认为自己是完美无瑕的，缺点都在他人身上。在总结经验时总重申自己的强势所在，即便吃了败仗也把错误一股脑儿推给别人——“我没犯一点错”。为了彰显自己优点而不惜彼此中伤，但是往往在中伤中失去了变得更加优秀的好机会。

不可乘人之危

乘人之危者，总想从落难者身上捞一把，却将自己置身于危险中而不自知了。

有一回，牡蛎落进了渔网，连同别的海鲜一起，被渔夫带到自家的茅屋。

“来到这里，我们算彻底完蛋了！”牡蛎忧伤地想。它和它的同类们躺在地上，苦苦地挣扎着，由于缺水，它们都快要干死了。

突然，不知从哪个角落里爬出了一只老鼠。

“好心肠的老鼠啊，请听我说，”牡蛎哀声恳求起来，“求求你，请把我送回到海里去吧！”

老鼠狡诈的小眼睛露出理解的样子，心里却想着：牡蛎长得又肥又漂亮，它的肉一定很鲜嫩可口。

“好吧！”老鼠嘴上说，但同时在心中盘算着，绝不能把这个送到嘴边来的美味放跑了。“不过，你得把硬壳张开，要不我怎么带你到海里呀！”

老鼠的这些话赢得了牡蛎的信任。牡蛎竟然没有觉察出这家伙的诡计，高高兴兴地张开了它的两扇硬壳。老鼠喜不自胜地把它的小脑袋伸了进去，它想用尖锐的牙齿紧紧咬住牡蛎的肉，谁知它在仓促间忘记了谨慎，它的动作让牡蛎感到很不对劲，牡蛎“啪”的一声合拢了硬壳，像捕兽器的铁夹似的把老鼠的脑袋钳住了。老鼠痛得吱吱乱叫。它的叫声惊动了屋子里的花猫，花猫一下飞扑过来，一口把这个骗子咬死了。

在别人落难之际，不是伸出援助之手帮一把，而是想趁机捞一把，我们不得不承认，乘人之危是一种丑陋人性的体现。

乘人之危的人是可悲的，他们往往将注意力集中在了如何从别人身上获取利益，而忽视了自己的处境，反倒将自己置身于危险之中却不自知。

笑别人时，别人也在笑你

戏弄别人时，一定要想一想自己是否也被别人嘲笑了。

以前有一个秃子，一天他出门在外，住进一家小店，对面住了个麻子。月光照在麻子的脸上，秃子越看越有趣，就忍不住吟出一首诗：

脸
天排
糯米筛
雨洒尘埃
新鞋印泥印
石榴皮翻过来
豌豆堆里坐起来

秃子把麻子骂了个痛快，很是得意忘形，就对麻子说："老兄，你能从一个字吟到七个字吗？"

麻子说："你吟罢了，我再模仿便没有味道，不妨我从七个字吟到一个字如何？"麻子就吟出一首诗：

一轮明月照九州
西瓜葫芦绣球
不用梳和篦
虫虱难留
光不溜
净肉
球

秃子一听羞得满面通红，再也说不出话来。

戏弄别人，却被他人嘲笑，这便是居心叵测之人的下场。你对于别人的缺点、困难不但没有同情，反而给予的是无尽的嘲笑和讥讽，以达到一时口舌之快，然而，却不知道在你戏弄别人的同时也会被别人嘲笑。

侮辱他人就是侮辱你自己

不要一味地贬低侮辱他人，那其实暴露了你内心的阴暗，同样也是在贬损你自己。

宋代苏东坡喜欢参禅，有一次在金山寺和佛印禅师一起打坐，苏东坡觉得身心舒畅，于是问道："禅师，你看我的坐姿怎么样？"

禅师答道："很好，像一尊庄严的佛。"

苏东坡听了很高兴。

佛印禅师接着问苏东坡："学士，你看我的坐姿怎么样？"

苏东坡从来不放过嘲弄禅师的机会，马上回答说："像一堆牛粪！"

佛印禅师听了也很高兴。

苏东坡见将禅师比喻为牛粪，禅师竟无以为答，心中以为赢了佛印禅师，于是赶紧回到家中，兴高采烈地对妹妹苏小妹说："哈，我今天终于赢了禅师！"

苏小妹问道："你怎么赢的？"

苏东坡得意地叙述起刚才的事情。

苏小妹天资聪颖，听了苏东坡的话之后，正色说："哥哥，你输了！佛家说，佛心自现，你看别人是什么，就表示你自己是什么。禅师的心中像佛，所以他看你像佛；而你心中像牛粪，所以你看禅师才像牛粪！”

苏东坡哑然，这才知道自己禅功不及佛印禅师。

心中如果有一片温暖的阳光，就会看到别人的闪亮点，会不由自主地去真诚赞美他人；而如果只能看到别人的灰暗处，极尽能事地去侮辱他人，只能说明你的心中藏有一颗黑子。一味地贬损他人，其实是暴露了你内心的阴暗处，同时也是在贬损你自己。

伤害的痕迹难以抹平

你说了一句伤人的话，那句话就会在对方的心里留下一个伤口。

男孩的性情急躁，爸爸告诉了他一个办法：每次控制不住自己情绪的时候，就把一颗钉子钉在院子里的篱笆上。

一个星期以后，男孩在篱笆上钉了42根钉子。以后的日子里，他开始学着控制自己的脾气，每天钉的钉子逐渐减少了。他发现，随着钉钉子的次数减少，他竟能平静下来想问题了。

终于有一天，他一颗钉子都没有钉。他高兴地把这件事告诉了爸爸。

爸爸说：“从今以后，如果你一天都不发脾气，就可以从篱笆上拔掉一颗钉子。”日子一天一天过去，最后，篱笆上的钉子被男孩全部拔光了。

这时，爸爸又带他来到篱笆边，语重心长地说："儿子，你做得很好。我的孩子，你再看看篱笆上的钉孔吧，它们已经不可能恢复到原来的样子了。就像你说了一句伤人的话，这些话就会在对方的心里留下一个伤口。"

人的本性中有时存在着强烈的攻击性和伤害性，用攻击性的语言反驳自己的对手，甚至朋友，而从不考虑后果。但是，伤害就像钉入墙中的钉子，即使拔除了，也会留下难以消除的痕迹。

不妨承受一些无关紧要的误解

生活中的许多人常常因为别人不了解自己，因为自己被别人误解而苦恼，有些人天天为大事小事而向相干但不相信自己，或相信自己但不相干的人解释，忙得不可开交。其实，有时承受一些无关紧要的误解是最简单的、最明智的选择。

主人沏好茶，把茶碗放在客人面前的小几上，盖上盖儿，当然还带着那甜脆的碰击声。接着，主人又想起了什么，随手把暖瓶往地上一搁。他匆匆进了里屋，而且马上传出开柜门和翻东西的声响。

做客的父女俩待在客厅里。10岁的女儿站在窗户那儿看花。父亲的手指刚刚触到茶碗那细细的把儿，忽然，叭的一声，跟着是绝望的碎裂声。

地板上的暖瓶倒了。女孩也吓了一跳，猛地回过头来。事情尽管极简单，但这却匪夷所思：父女俩一点儿也没碰它，的的确确没碰它。而主人把它放在那儿时，虽然有点摇晃，可是并没有马上就倒哇。

暖瓶的爆炸声把主人从里屋“揪”了出来，他的手里攥着一盒方糖。一进客厅，主人下意识地瞅着热气腾腾的地板，脱口说了声：“没关系！没关系！”

那父亲似乎马上要做出什么表示，但他控制住了。

“太对不起了，”他说，“我把它碰了。”

“没关系。”主人又一次表示这无所谓。

从主人家出来，女儿问：“爸，是你碰的吗？”

“我离得最近。”爸爸说。

“可你没碰！那会儿我刚巧在瞧你玻璃上的影儿。你一动也没动。”

爸爸笑了：“那你说怎么办？”

“暖瓶是自己倒的！地板不平。李叔叔放下时就晃，晃来晃去就倒了。爸，你为啥说是你……”

“这，你李叔叔怎么能看见？”

“可以告诉他呀。”

“那样不好，孩子。”爸爸说，“还是说我碰的好。这样，既不会伤害你李叔叔的面子，我也不会因难于证明自己而苦恼了。毕竟一只热水瓶值不了几元钱，不是什么大事，何必那么认真呢？”

维护自己的面子，避免自尊受到伤害，这是人性的正常反应。

生活中，我们有时就像这个孩子一样较真儿，非要将事情弄得水落石出不可。最后搞得朋友没了面子，自己也很尴尬。其实，有些事情是无法分清谁是真正的责任人的。而这时如果能够替别人承受一些无关紧要的误解，也会给自己带来极大的方便。特别是当我们懂得去维护别人的面子时，这种行为本身就是有所回报的。

愚弄他人就是愚弄自己

为了看他人的笑话而愚弄他人是一种不明智的做法，因为自己同样会被愚弄。

有一天，狐狸送了一张邀请卡给鹤。

“晚上请来舍下用餐。”

“哇！真罕见！狐狸先生会准备什么酒菜请我呢？”

鹤很高兴地前去狐狸的家。“呀！鹤先生，欢迎！欢迎。请不用客气！”

狐狸取出的酒菜只有放在大平盘里的汤而已。

“我最喜欢喝汤啦！谢谢你呀！”

鹤很想喝汤，可是，因为自己长着一个长嘴巴，所以费了好大的劲，也只能闻到味道而已。盘内的汤，一滴也喝不到。

可是狐狸却叽里咕噜地一下子就把汤喝完了，而且嗤嗤地笑着，觉得很有趣。

“真不够意思，你在捉弄我！”鹤恨恨地回家去了。

不久，鹤也送邀请卡给狐狸。

“晚上请客，请你一定要来喔！”

狐狸是个贪吃鬼。

“是什么样的食物呢？”狐狸暗暗地想着。

不久以前的事，狐狸已经忘得一干二净，心里高高兴兴地到鹤的家里。

“狐狸先生，欢迎！欢迎！别客气，尽管用吧！”

鹤拿出的东西都是什么呢？原来是装在细颈水瓶里的汤啊！

“谢谢！”狐狸将嘴伸进水瓶里，但是怎么吃也吃不到一口汤，只能闻到鲜美的味道。鹤则将长嘴巴轻轻松松地伸进瓶底津津有味地吃着！

狐狸肚子饿坏了，眼前的美食却一口也吃不到。

有些人喜欢愚弄别人获得快感，然而，他也许还不知道，在他愚弄别人的同时，已经给自己埋下了一个不良的种子，将来收获的肯定是一个苦涩的果实。

给他人以真诚的赞美

世界上最伟大的事情莫过于发现别人的错误，并善意地帮助对方。只要你这样做了，你就能体会到这种感觉：“真是太好了！”

心理学家来到一所学校给孩子们上课。

每次提问的时候，其他的孩子都高高地举起自己的小手，只有一个孩子总是低着头不吭声。

心理学家发现了这一点，他决定帮帮这个孩子。

“我遇到了一个难题，想请一个小朋友帮帮我。”心理学家的话刚一落，大家就举手响应了。他故意扫视了一下全班同学，然后走到那孩子的身边说：“孩子，你能帮我吗？”孩子刚要摇头拒绝时，心理学家及时地拉他站起来，轻声地对他说：“老师相信你是天下最棒的孩子！不要紧张，你仔细看一看，仔细数一数老师这只手到底有几个手指？”

孩子缓缓地抬起头，涨红了脸，盯着他的5个手指，认真地数了半天，终于鼓起勇气说：“4个。”

没想到的是，心理学家竟然高声地大叫了起来：“哎呀，太好了，你简直太了不起了！一共就少数了1个。”

他的这一句话就像天上洒下的甘霖，孩子的眼睛一下子放出了异样的光彩。

人在成长的过程中总免不了犯错，一句善意的赞美，其力量远远大于一万句严肃的批评。

过度挑剔不如充实自己

不要把你的生命浪费在和别人对比上，应该跟自己的心灵去赛跑。

他是一位咖啡爱好者，立志将来要开一家咖啡馆。闲暇时间，他到处喝咖啡。除了品尝不同的咖啡之外，也看看咖啡馆的装潢。

有一次，他约一位朋友喝咖啡。带着朝圣的心情，朋友跟他去了一趟咖啡馆。很不巧，他对那家咖啡馆似乎没有什么好感。

朋友问他：“怎么样，这家店的咖啡口味还不错吧？”他淡淡地说：“没什么！”

朋友继续问：“店面的装潢呢？”他还是回答：“没什么！”

以后的日子里，朋友陆陆续续跟他到过不同的咖啡馆，品尝不同口味的咖啡，“没什么！”仿佛是他的口头禅，对所有去过的咖啡馆，他的评价都是“没什么”，而且带着有点儿不屑的语气。朋友心想：大概是他的品位太高了，这些咖啡馆提供的饮料及气氛果真都不如他的心意。

另外，有一位对西点蛋糕有兴趣的女孩。从前，她也常说：“没什么！”

她不但爱吃西点蛋糕，还利用空闲时间拜师学艺，到专业的老师那儿上课，学做西点蛋糕。

刚开始学习的那段日子，她还是不改本性，不论到哪里，吃到什么西点蛋糕，都会给对方“五星级”的评价：“没什么！”标准之严苛，让大家觉得她挑剔得过火了。过了半年，当她从“西点蛋糕初学班”结业之后，态度有了180度大转变，无论在哪里，品尝过谁做的西点蛋糕，她都很认真地研究里面的配方，用什么材料、多少比例、烘焙的步骤。如果做西点蛋糕的师傅在场，她还会很好奇地向对方讨教、研究成功的关键技巧。

朋友笑着对她说："你变了。从前是说：'没什么！'现在是问：'有什么？'"

"没错，没错，其实每一件事情一定都'有什么'，差别只在于你有没有观察到它'有什么'而已。"

挑剔是人们的普遍心理，人们总感到这也不好，那也不如意，却又没有比别人更好的办法来改进。如果放下对别人严苛的审视目光，改为通过各种途径来充实自己，做一个从"没什么"到"有什么"的转变，你会从别人身上发现更多值得称道的东西。

第五章

赠人玫瑰，手有余香

ZENG REN
MEIGUI,
SHOU YOU
YUXIANG

做一个快乐的大度汉

为人慷慨大度，乐于与别人分享，才能够获得快乐。

很久以前，有两个邻居，一个慷慨大度，一个小气吝啬。有一回，他们一起出门，到了吃晚饭的时候，小气鬼说：

“真倒霉，我解不开装饼的口袋。”

“没关系，你吃我的饼吧！”大度汉说。

两个人把大度汉的饼吃了个精光，然后各自躺下来睡着了。

早上，那个小气鬼先醒来，他暗自想：

“昨天把邻居的饼吃光了，今天该轮到吃我的饼了。凭什么要拿我的饼去喂饱邻居的肚子？不如收拾收拾一个人溜掉，饼也由我一人独吞。”

小气鬼悄悄起来走掉了。

那位慷慨大度的邻居一觉醒来，发现小气鬼邻居已经走掉。他只得匆匆起床，饿着肚子一个人继续上路。

他穿过一座大森林，傍晚来到一所茅舍前。他推开门进去，发现桌上有一大块面包。他切了一块吃掉之后，躺在条凳底下。

过了一会儿，进来一只狗熊、一只狐狸和一只老鼠，它们坐在条凳上。老鼠说：

“你们知不知道，在这炉灶后面挂着一袋银币。我一躺到炉灶上就能听见银币清脆的响声。”

狐狸说：

“这没什么了不起的。你们知不知道，小茅舍后面的老橡树底下埋了一块大如羊头的银子。有人在那儿挖过，但没找到它。”

狗熊说：

“这没什么了不起的，你们知不知道，小茅舍后面的路边埋了一块像马头一样大的金子。有人在那儿挖过，可是没找到它。”

随后，狗熊起来把面包分成三份，动物们吃饱之后就睡觉去了。

躺在条凳底下的大度汉什么都听见了。

早上，等动物们走了之后，他便爬到炉灶后取下那袋银币，到屋后老橡树底下挖出那块大如羊头的银子，再走几步到路边挖出那块大如马头的金子，拿着这一切回家了。

小气鬼一听说大度汉邻居发了财，马上跑过来打听他是怎么得到这些财宝的。

大度汉邻居老老实实地把全部情况告诉了他。

小气鬼马上跑到森林中的小茅舍里去。他一进屋，也看见桌上放着一大块面包，便不客气地大吃起来，一会儿就把它吃了个精光，甚至连剩下的一点儿残渣也吃得干干净净，然后才躺到条凳底下去。

过了一会儿，狗熊、狐狸和老鼠进来了。它们在条凳上坐下，狗熊说：

“你们知不知道，那块大如马头的金子已经被人挖走了。”

狐狸说：

“那算得了什么，你们知不知道，那块大如羊头的银子也被人挖走了。”

老鼠跳起来，跑到炉灶上一看便吱吱叫了起来：

“这算得了什么，你们知不知道，有人把那袋银币也提走了。准是有人在这儿偷听到了我们的话。”

随后，狗熊站起来想分面包，可是面包没了，它吼了起来：

“谁把我们的面包吃掉了？快点，老鼠，你瞧瞧去，看是不是有人藏在我们这儿。”

老鼠找了又找，终于在条凳底下找到了小气鬼。它们把他拖出来吃掉了。

等它们吃饱之后，又各自睡觉去了。

大度汉为人慷慨，愿意与别人分享，所以他能够得到快乐和财富；小气鬼为人自私，想尽办法占别人的便宜，结果他不但没有得到财宝，连命都丢掉了。

与人分享才能获得快乐，这是大度汉教给我们的道理。

做人不可太自私

自己对待别人的态度，就是别人对自己的态度，如果你对别人太自私，也就不要指望别人与你分享。

有一个农夫的妻子去世了，农夫邀请无相禅师到家里来为他的亡妻诵经超度。

佛事完毕以后，农夫问道："禅师，你认为我的太太能从这次佛事中得到多少利益呢？"

无相禅师如实回答道："佛法好像慈航，普度众生；好像日光，遍照大地。不只是你的太太可以得到利益，一切有情众生无不从中得益。"

农夫不满意道："我就知道是这样的。可是我的太太很娇弱，其他众生也许会占她便宜，把她的功德夺去。请您只单单为她诵经超度，不要回向给其他的众生，好吗？"

无相禅师慨叹农夫的自私，但仍慈悲地开导道："回向是好事情。你看，天上太阳只有一个，但万物皆蒙照耀——一粒种子可以生长万千果实。你应该用你的善心点燃的这一根蜡烛，去引燃千千万万支的蜡烛，这样世间的光亮就会增加百千万倍，而且本身的这支蜡烛并不会因此而减少亮光。如果人人都能抱有这样的观念，那我们每一个人，常会因千千万万人的回向，而蒙受很多的功德，何乐而不为呢？故我们佛教徒应该平等看待一切众生！"

农夫想了想，知道无法说服禅师，只好让步说道：“好吧，这个教义很好。但是，但是……”

这个农夫吞吞吐吐地说道：“还是要请法师破个例，我有一位邻居老赵，他平时老是欺我、害我，能把他除去在一切有情众生之外就好了。”

无相禅师忍不住以严厉的口吻说道：“既然是一切众生，哪里来的除外？”

农夫茫然，若有所失。

佛法高深之处就在于它能普度众生，岂有为一人超度之理？农夫的自私终于惹怒了禅师。

谁都会有私心，这是人天性中的缺陷，但这种缺陷，并不是无药可救的。我们应该知道：自己对别人的态度，就是别人对自己的态度。如果我们因为自私而不对别人行善，那别人的善心也不会与我们分享。

分享使生活更美妙

再多的快乐如果无人分享，当快乐一旦逝去，就只能剩下孤独的自己。

很久以前，有一位老人，收藏了几千把梳子，枣木梳、牛角梳、象牙梳、玉梳、角梳应有尽有。他的梳子，有很多是几百年前王公贵族的爱物，具有极高的价值。老人的梳子用保险柜锁着，柜上常年放着一把子弹上膛的手枪。

“爸爸，您有许多梳子是吗？”老人的儿子央求说，“我想看看！”

“不行！”老人简直吓坏了，赶紧把保险柜的钥匙藏好。“你小孩子家嘴巴不严，没准惹出什么祸事来呢！爸爸哪有什么梳子呀！”

儿子流下了委屈的泪水。

他的妻子说：“我知道你有梳子，难道连我也不能看一眼吗？”

“不行！”老人埋下头来，说，“你们妇人家，浅薄得很，没准……其实梳子有什么好看的呢？”

为了最大限度地显示自己的富有，老人几经辗转，好不容易来到一座没有梳子的城市。

“亲爱的市民们，你们知道吗，世界上有一种东西叫梳子，能够把头发弄得格外理顺，没见过吧？哈哈，鄙人拥有几千把梳子！”

老人在人们的眼神里寻找崇拜和恭维，然而他没有得到，在一个没有梳子的城市里，没人听得懂他的话。

老人的身体一天不如一天，他感到自己就要离开这个世界了。他的藏品保密了一辈子，谁都没看见。现在，他不知道该怎么办了。卖掉吗？要钱做什么呢？继续保密吗？他觉得没意思。他回想了一下，自己一辈子竟没见过别人给他一丝笑容。

有一天，老人坐在一棵大树下昏昏欲睡，他怎么也没想到，有一头狮子从后面走了过来。

狮子是从动物园里跑出来的。这是一头雄狮，长长的鬣毛有些肮脏，可它仍然不失威武。

“先生您好，”狮子开口说，“我很难受，我的鬣毛粘在了一起，硬邦邦的，我一点办法都没有。请问，您能帮我个忙吗？”

老人赶紧讨好地说：“能啊，能的！我有梳子，有许多许多梳子啊！狮子先生，您稍等啊！”

狮子跟着他来到他的住所。

老人打开保险柜，取出大大小小、疏疏密密、各式各样的许多梳子，狮子看得有些眼花缭乱了。老人耐心地、又很小心地给狮子梳通鬣毛。梳子当然是先用疏的，后用密的了。他还要打一些水来，把鬣毛上的脏东西清洗掉。

狮子乖乖地等着，像猫儿一样温顺，后来竟打起了呼噜。老人累得满头大汗，花去了好几个小时才梳好。狮子觉得非常舒服，连连感谢。老人让狮子照了照镜子，狮子露出了动物的让人难得一见的笑容。

“太谢谢您了，看来梳子真是世间的宝贝，您有这么多宝贝，我羡慕死了！”

老人被狮子的笑容感动了。他一股脑儿把所有的梳子都拿了出来，送给了狮子和市民。

从此，这座城市有了一种新的文明。

不久，老人也悄悄地在梦中逝去了，他的脸上是宁静的、满足的微笑。

拒绝与人分享的人是可怜可悲的，再多的快乐如果无人分享，当快乐一旦逝去，就只能剩下孤独的自己。但与人分享之后，一份快乐会变成许多份，愉悦的感觉将经久不息。生活可以经由分享而变得更加美妙。

为别人着想就是为自己着想

为别人付出爱心，就种下一片希望，也就会品尝到收获的喜悦。

有一个僧人走在漆黑的路上，因为路太黑，僧人被行人撞了好几下。他继续向前走，看见有人提着灯笼向他走过来。这时候旁边有人说："这个盲人真奇怪，明明看不见，却每天晚上打着灯笼！"

僧人被那个人的话吸引了，等那个打灯笼的人走过来的时候，他便上前问："你真的是盲人吗？"

那个人说："是的，我从生下来就没有见过一丝光亮，对我来说白天和黑夜是一样的，我甚至不知道灯光是什么样的！"

僧人更迷惑了，问道："既然这样你为什么还要打灯笼呢？是为了迷惑别人，不让别人说你是盲人吗？"

盲人说："不是的，我听别人说，每到晚上，人们都变成了和我一样的盲人，因为夜晚没有灯光，所以我就在晚上打着灯笼出来。”

僧人感叹道：“你的心地多好啊！原来你是为了别人！”

盲人回答说：“不是，我为的是自己！”

僧人更迷惑了，问道：“为什么呢？”

盲人答道：“你刚才过来有没有被别人碰撞过？”

僧人说：“有呀，就在刚才，我被两个人不留心碰到了。”

盲人说：“我是盲人，什么也看不见，但我从来没有被人碰到过。因为我的灯笼既为别人照了亮，也让别人看到了我，这样他们就不会因为看不见而碰我了。”

僧人顿悟，感叹道：“我辛苦奔波就是为了找佛，其实佛就在我的身边啊！”

盲人提灯笼，这是怎样的一种智慧与胸怀。帮助别人也就是帮助自己，为别人提供了关怀，同时也便利了自己。为别人付出爱心，就种下一片希望，也就会品尝到收获的喜悦。

加利利海与死海的区别

加利利海不像死海——只知收，而不知出。

以色列有两个内海——加利利海和死海。

死海在海平面下392米的低处，它的周围是一片无垠的沙漠，对岸则是约旦的领土。死海的水中含有很高的盐分，盐的比重很大，当人们掉进去时，身体会自然浮起而不会淹死。死海的水中无鱼，也没有其他任何生物。

加利利海是一个淡水湖，里面含有很多生物，因耶稣基督曾在此地渔猎而享有盛名。海中盛产一种“圣彼得鱼”，这种鱼虽然外观丑陋，可是肉味鲜美，已成该地名产。加利利海边餐厅林立，都以售圣彼得鱼为主，来游览的旅客们常常在此大饱口福。

加利利海的岸边的老树枝叶茂密，树上百鸟云集，啼声悦耳，真是一个充满生趣的美丽世界！相形之下，死海就没有这么活跃。死海没有任何生物生存在其中，周围也没有半棵树，更听不到鸟儿的歌声，连漂浮在死海上的空气都让人觉得沉重而透不过气来，从来没有一只生活在沙漠中的动物到岸边去喝过水，因为如此，人们才会名之为“死海”吧。

两者为什么形成如此差别呢?

先哲们的解释是：加利利海不像死海——只知收，而不知出。

约旦河流入加利利海之后，又流了出来，最后归之死海。

加利利海接受了多少东西，也会给别人多少东西，所以它经常是活生生的。而每一滴水，到了死海之后，都要被占有。死海把所有的东西都占为己有，只知进而不知出，所以，生物都不愿意生活在其中，呈现死气沉沉的景象。

水不流，鱼不栖，没有任何生物饮水，只取而不予，这是非常不正常的现象。因为死海从来不分给别人什么，所以它才会“死”在那里。在人的一生中，也常常会遇到像死海这样只进不出的人。

因此，人应该像加利利海那样活跃，经常给予，千万不能学死海，只进不出。

有进有出，这才是聪明人的处世之道。任何人都不可妄想占据所有的东西。对于我们来说，分享是一个很重要的观念。既要接受人家的给予，同时也要注意把自己的东西给予人家，把分享作为人生的信条。这是使我们走向幸福人生的条件之一。

掌握施与受的艺术

你必须用水灌入抽水机才能引水！不要忘了，在你离开前，请再将瓶子里的水装满！

有个人在沙漠中穿行，遇到风沙暴，迷失了方向。

两天后，烈火般的干渴几乎摧毁了他生存的意志。沙漠就像一座极大的火炉要蒸干他的血液。绝望中的他却意外地发现了一幢废弃的小屋。他拼足了最后的气力，才拖着疲惫不堪的身子，爬进堆满枯木的小屋。定睛一看，枯木中隐藏着一架抽水机，他立刻兴奋起来，拨开枯木，上前汲水。但折腾了好大一阵子，也没能抽出半滴水来。

绝望再一次袭上心头，他颓然坐地，却看见抽水机旁有个小瓶子，瓶口用软木塞堵着，瓶上贴了一张泛黄的纸条。上边写着：你必须用水灌入抽水机才能引水！不要忘了，在你离开前，请再将瓶子里的水装满！

他拔开瓶塞，望着满瓶救命的水，早已干渴的内心立刻爆发了一场生死决战：我只要将瓶里的水喝掉，虽然能不能活着走出沙漠还很难说，但起码能活着走出这间屋子！倘若把瓶中唯一救命的水倒入抽水机内，或许能得到更多的水，但万一汲不上水，我恐怕连这间小屋也走不出去了……

最后，他把整瓶水全部灌入那架破旧不堪的抽水机，接着用颤抖的双手开始汲水……水真的涌了出来！他痛痛快快地喝了一顿，然后把瓶子装满，用软木塞封好，又在那泛黄的纸条后面写上：相信我，真的有用。

几天后，他终于穿过沙漠，来到绿洲。每当回忆起这段生死历程，他总要告诫后人：在取得之前，要先学会付出。

其实，施与受总是相对的，如果一味地贪于受，那将会什么也得不到。在关键时刻，人更应该学会克制内心的欲望。在人生中，在通往成功和富足的路上，我们往往并不是缺少获得扶持的机遇，而是不懂得在索取之前先要付出。正如上边那个故事中的他，如果喝光了瓶中的水，他将永远也看不到抽水机里奔涌出来的救命水。

自私者以利己为荣

在自私者的心目中，自己的利益永远至高无上。

一只青蛙想离开沼泽地，到一个新的地方去生活。一番认真地考察之后，它真的把家搬到了后山上的一个小洼地里，那里长满了茂密的灌木丛，很阴凉，蚊子等小昆虫也很多，青蛙在这里衣食无忧，生活得很舒服。

然而好景不长，夏天到了，火辣辣的太阳炙烤着大地，青蛙的新居周围的环境也变得干燥无比，许多灌木忍耐不了持续的高温和干旱，都慢慢枯死了，地上甚至都要裂出缝来。青蛙忍受不了这样的环境，就在它的新居里祈求老天爷："老天爷啊，求你别再让我这个可怜的动物受罪了，我求你下一场大暴雨，把大地和这个山头都淹没，让我的新房子也永远湿润，这样我才喜欢。求上天可怜。”

然而，天空依然晴朗，太阳甚至更加毒烈地炙烤着大地。青蛙一遍又一遍地祈求，却没落下一滴雨，最后，青蛙愤怒了，它破口大骂起来：“你这个破老天爷，你死了吗？你听不到我的祈求吗？你的眼瞎了吗？你的耳朵聋了吗？你真是枉为老天，却没有一点同情心，不明白一点事理，你看不见我都快被折磨死了吗？”

上天听见了青蛙的话，并没有动怒，他只是严厉地批评了青蛙一顿，说：“你这只自私自利的青蛙，你怎么能因为你自己的需求，要求我把其他的人们都下暴雨淹死呢？你不要再在这里吵吵嚷嚷的，如果受不了，你最好还是先滚回你的沼泽地去！”

青蛙为了自己舒服而全然不顾别人的死活，是个彻头彻尾的自私自利者。

自私的人总把自己的利益推崇到至高无上的地位，为了维护自己的利益，达到自己的目的，甚至会不择手段，从而也暴露了自己的丑恶嘴脸。

付出才会有快乐

上帝告诉他的子民：不要你去征服世界，不要你去创造历史。只要给乞丐一枚硬币，你就能从我这里得到力量和快乐。

平安夜，哥哥送了一辆崭新的汽车给彼特作为圣诞节的礼物。彼特高兴极了，现在正细心地给自己的爱车擦车窗玻璃呢！这时，一个小男孩走过来站在他的身边看了半天都没有走开。

“先生，您的车是新买的吧！”小男孩突然开口了，眼神里满是羡慕：“真漂亮！”

“是，这是哥哥送给我的圣诞礼物。”彼特有些自豪。

“啊，您是多么幸福！”小男孩喃喃自语道，“要是我有钱的话，我也愿意像您的哥哥那样……”

彼特十分震惊。他激动地问小男孩：“你愿意坐我的车兜一圈吗？”

“哎呀，那真是太好了！”

小男孩坐在新车上这儿看看，那儿看看，十分兴奋。彼特也被他的心情感染了。半路上，小男孩突然指着路边的一家房屋说：“先生，您的车子能在那个门前停一下吗？”

彼特想，这小家伙是想回家把自己的父亲带出来看一看，他带回一个多么好的朋友，他的朋友又拥有一辆多么棒的小汽车。彼特微微一笑，点头答应了他的请求。

车停了，小男孩下了车，飞快地跑上台阶，进了自家的房门。

一会儿，彼特听见屋里传来一阵沉重的脚步。他正在奇怪，门口的台阶上出现了小男孩的身影，手里还抱着一个更加瘦弱的男孩。

小男孩有些不好意思地朝彼特笑了笑，说：“这是我的弟弟，他一直想看一看漂亮的小车是什么样子的。”

小男孩把他的弟弟放在门前的台阶上坐着，彼特不经意地看到了他的弟弟少了一条腿。小男孩指着小汽车认真地说：“弟弟，你看见了吗？这就是我朋友的圣诞礼物，他的哥哥送给他一辆多么漂亮的小汽车啊！总有那么一天，我也会送给你一辆崭新的小汽车，跟他的这辆汽车一样棒。那个时候，你就可以开着自己的小汽车去看路边的彩灯，看橱窗里的蛋糕……”

小男孩紧紧地握住弟弟的手，一脸的向往。

彼特不知何时已经泪流满面，他朝台阶上的兄弟俩热情地张开双臂，大声说：“来，欢迎我们的新朋友上车，现在开始我们愉快的平安夜之旅吧！”

只有与别人分享，才能获得真正的快乐。只要拥有博爱之心，把自己一份微不足道的关爱送到别人的身边，你就会得到比自己当初得到的更多，你的快乐将会加倍地增长。

带给别人快乐就是一种回报

多帮助别人，不图回报，能让一个短暂的生命表现得很体面和有价值，这本身就可以算是一种回报。

小镇上有一家菜摊，平时顾客不多，因为这里的人都比较穷而买不起菜。不过，经常有些穷人家的孩子来这里转悠。虽然他们只是玩，可店主还是像对待大人一样与他们打招呼。

“孩子们，今天还好吧？”

“我很好，谢谢。老板，这些马铃薯看起来真不错。”

“可不是嘛。你妈妈身体怎么样？”

“还好，一直在好转。”

“那就好。你想要点什么吗？”

“不，先生。我只是觉得你的马铃薯真新鲜！”

“你要带点儿回家吗？”

“不，先生。我没钱买。”

“用东西交换也可以呀！”

“哦……我只有几颗赢来的玻璃球。”

“真的吗？让我看看。”

“给，你看。这是最好的。”

“看得出来。嗯，只不过这是个蓝色的，我想要个红色的。你家里有红色的吗？”

“差不多有吧！”

“这样，你先把这袋马铃薯带回家，下次来的时候让我看看那个红色玻璃球。”

“一定。谢谢你，老板。”

每次店主和这些小顾客交谈时，店主太太就会默默地站在一旁，面带微笑地看着他们。她熟悉这种游戏，也理解丈夫所做的一切。镇上很多贫困的人家没有钱买菜，也没有任何值钱的东西可以交换。为了帮助他们，他就这样假装着和孩子们为一个玻璃球讨价还价。就像刚才的这个孩子，这次他有一个蓝色的玻璃球，可是店主想要红色的；下次他一准儿会带着红玻璃球来，到时候店主又会让他再换个绿的或橘红的来。当然，打发他回家的时候，一定会让他捎上一袋子上好的蔬菜。

许多年过去了，店主因病去世。镇上所有的人都去向他的遗体告别，包括以前那些和他交换东西的孩子们。

世界的各个角落都会有人性的善良光辉在闪耀。店主总是尽自己的努力去帮助那些贫苦的孩子和家庭，却又用一种巧妙的方式不伤害到他们的自尊，可谓用心良苦。他付出了对别人的爱和关怀，也为自己赢得了一生的尊重。

相互合作才能完美

在满足了别人的同时，自己也收获了快乐，懂得相互合作的人，才能领悟快乐的真谛。

一位生前经常行善的基督徒见到了上帝，他问上帝天堂和地狱有何区别。于是上帝就让天使带他到天堂和地狱去参观。

到了天堂，在他们面前出现一张很大的餐桌，桌上摆满了丰盛的佳肴。围着桌子吃饭的人都拿着一把十几尺长的勺子。

不过令人不解的是，这些可爱的人们都在相互喂对面的人吃饭。可以看得出，每个人都吃得很愉快。天堂就是这个样子呀！他心中非常失望。

接着，天使又带他来到地狱参观。出现在他面前的是同样的一桌佳肴，他心中纳闷：天堂怎么和地狱一样呀！天使看出了他的疑惑，就对他说："不用急，你再继续看下去。"

过了一会儿，用餐的时间到了，只见一群骨瘦如柴的人来到桌前入座。每个人手上也都拿着一把十几尺长的勺子。

可是由于勺子实在是太长了，每个人都无法把勺子内的饭送到自己口中，这些人都饿得大喊大叫。

地狱中的人是彻彻底底的自私鬼，他们宁可自己饿肚子也不去喂别人；而天堂中的人却深切地懂得只有相互合作才能缔造完美。每个人都用长勺子喂对面的人，在满足了别人的同时，自己也吃得很愉快。这才是领悟了快乐真谛的人。

第六章

大舍大得，不舍不得

DA SHE
DA DE,
BU SHE BU DE

在得与失之间权衡利弊

人生有得便会有失，关键在于能否权衡两者的利弊关系，使之趋于平衡。

鹿和马都被公认为是跑得最快的动物，只不过鹿在森林中，马在草原上，它们都对彼此有亲切感，但是关系还仅限于偶尔碰面时打个招呼而已。既然双方都有成为朋友的心愿，何不进一步促进彼此的关系呢？于是，鹿就邀请马到家里来玩，马欣然同意了。

那是一个春日的午后，草原上吹着温馨的风，马踏入了森林。然而，刚进入森林的马很快就后悔了。这里是和草原完全不同的世界，起初还不觉得怎么样，可是越往森林里面走，树木就越高大，绿叶也越来越茂密。树林的枝叶重重叠叠地遮蔽了天空，草原上那习以为常的高挂天空的太阳，在这里完全看不见。怀着不安的马，陡然对住在这种地方的鹿害怕起来。它不得不承认，只有灵敏的鹿才适合这片密林。

后来，人类邀请马与他们合作，马看到了人类的智慧和无尽的财富，被吸引了，便答应了。

有一天，人说："其实你应该是世界上最快的，现在我们又能够提供给你丰盛的食物，如果你能够依照我们的方法去做，即使是在森林里，你也一定能够跑赢鹿。"不知道为什么，马竟然答应了。

人类利用可以让马吃饱为条件，堂堂正正地骑到了它的背上，一起进入森林里追赶、猎捕鹿。一场阴谋开始了。

被追得走投无路的可怜的鹿在疑惑之中，满怀着悲伤，对马露出悲哀和疑惑的神情。可是，此时的马被鞭打的疼痛和缰绳操纵的窘迫弄得头脑麻木，它或许根本就没有多余的精力去察觉鹿的变化。

从那次狩猎结束之后，人类便把马的缰绳紧紧抓在手中了，他们喂养马，并把它们绑在专门建造的马厩里。

人，有的可以永远做自己生活的主人，而有的只配永远做自己生活的奴隶。就像寓言中的马一样，为了满足自己的虚荣，填满自己的妒忌的心，却永远地丢弃了自由的权利。你选择了什么样的人生道路，决定了你享有什么样的人生。无论你要选择什么、放弃什么，都要弄清楚这样做值得不值得。

做人要懂得选择和放弃

不懂得选择与放弃，只有死路一条。

一头小驴子外出觅食，发现了两堆相距不远的草料。东边是一堆干草料，西边是一堆新鲜的嫩草。驴子很高兴，跑到大堆的干草料处刚要吃，忽然想，西边那堆草秆那么新鲜，肯定好吃，此时不去，可能嫩草会被别的驴子吃掉。于是它就跑到嫩草堆那儿，刚要吃，它又想，这堆草虽然很嫩，可别的驴子把那一大堆干草吃光的话，自己就要饿肚子，还是回去吃干草吧！于是，它又跑回干草料堆。可是，它又特别想吃嫩草，就再次跑回嫩草堆。在嫩草堆那儿又担心吃不饱，又返回干草堆。

小驴既想吃饱，又想吃嫩草，还担心草料被别的驴子吃光，于是不停地往返于两堆草料之间，最终又饥又累，死在了草堆旁。

患得患失是人性的死穴，面对选择，许多人往往是犹豫不决、瞻前顾后，将许多原来拥有的东西白白浪费掉，最后只留空悲叹。命运一直藏匿在我们的思想里，许多人走不出属于自己的成功之旅，并非因为他们天生的个人条件比别人差，而是因为他们不懂得取舍，走不出得失的困扰，总是徘徊在命运的两端，在自我设限中扼杀生存的权利、浪费宝贵的资源，没落便在所难免。

过分的索取会让人丧失一切

环境最易改变人，只有那种能经受利益考验，做到出污不染的人才是真正高尚的人。

有一个老乞丐正背着他破旧的、打满了补丁的袋子沿街乞讨。

当走到一户富人家的窗下时，老乞丐感到疲惫极了，于是，他就坐下来休息一会儿。老乞丐闻到从富人窗户飘出的饭菜香味，他使劲地咽了一口唾沫，他多么渴望也能美美地吃上那样的一顿大餐。然而，事实上他却只能坐在窗外闻着香味咽口水，这不禁使老乞丐又抱怨起上天对自己命运的不公平来，他自言自语道："这个世界上奇怪的事情这么多——有的人受饥挨冻，有的人却锦衣玉食，生活美满幸福。穷人渴望财富，而富人却又不知满足，明明自己家的钱库里装满了金币、银币，他们却仍源源不断地往家里弄钱，甚至不择手段地攫取新的财富。我乞讨了四十年，这种事情见到的可不少，这座房子原来的主人我就认识，本来他做生意，发了一笔横财，可是他却不知足，把自己的产业卖给了一个外姓人，自己却在第二年春季的时候非要去出海航行，说什么海那边有一个国家遍地堆的都是如山高的黄金。结果怎么样呢？他遇到风暴，丢了财物又丢了性命。我还认识他的一个亲戚，是承包商，也曾经发过财，拥有过百万的家产，结果也是为了捞取更多的金币，最后破了产，落得像我一样沿街乞讨。唉！这些人就是太贪心，越有钱越贪心！人什么时候才能知道满足啊！神啊，我们的命运都掌握在你的手中，你可以把财富赐予那些知道满足的人嘛。像我一样的穷人最知道感激和适可而止了，唉！”

然而，这时命运女神正好路过，她听到了老乞丐的话，也看清楚了他的情况，就现身在老乞丐的面前，对乞丐说：“听着，老乞丐，其实我很想帮助你，还有那些和你有着一样境遇的人。现在你跟我来吧，拿着你的口袋，我可以给你金币，不过，你得注意一点，我把金币撒下来，你用你的袋子接住，如果落到口袋里了，就是金币，但如果落到地上，金币就会变成垃圾，我现在先告诉你，你的口袋已经很破旧了，还有那么多补丁，你一定要适可而止，不可贪心，不要企图把所有的金币都装到你的袋子里去，好吗？”

“好的，好的，我一定不会像他们那样贪得无厌的，你放心吧。”老乞丐赶忙回答说。“好，那你随我来吧。”于是，老乞丐跟随命运女神来到一个僻静处，命运女神一施法，金币就像雨点似地落下来，金灿灿的金币晃得老乞丐眼睛都痛了，他觉得像在梦里似的，他高兴得喘不过气来，好一会儿，才想起拿他的口袋去接。果然，黄灿灿、沉甸甸的金币落到了袋子里，而落到地上的都变成了垃圾。老乞丐心疼极了，他痛恨自己的口袋为什么这么小，他把口袋里接满了金币，却还敞着口袋，要接更多的金币。命运女神问他：“够了吗？”“还不够，”老乞丐兴奋地回答她，“再来点。”

“袋子快要撑破了！”

“没关系，破不了，结实着呢。”

命运女神有些不高兴了，她沉下脸来，对老乞丐说：“瞧，这么多金币，你已经是世界上少有的富人了。”

“不怕，再来一些，再来两个金币也行。”老乞丐兴奋得有些过头了。

“还装，你看你的袋子马上就要撑破了。”命运女神指着口袋对老乞丐说。

“没关系的，你再来一些吧，哪怕再来几个金币呢？”

话刚说完，只听得“嘶啦”一声，口袋裂了，金币纷纷落到地上，立刻变成了一堆毫无价值的垃圾。老乞丐呆了，他想赶快把金币捡起来，却已经太迟了，他转过身，想求助于命运女神，呵，哪里还有命运女神的影子，眼前所有的，只剩下他的破口袋和一堆垃圾。

旁观者清，当局者迷。对于人性的弱点，每个人都有足够的了解，而一旦置身其中选择取舍时往往就不是那么一回事了。这不是不识“庐山真面目”，只因“身在此山中”，这也是人性的一种悲哀。这个老乞丐真是个具有讽刺意味的人物，他对于别人的贪心及破落的结局认识得多么清楚，并自称是个最知感激与适可而止的人。然而，当真正的诱惑出现在面前时，他同样不能自持。

人的欲望就像个无底洞，任万千金银也是难以填满的。人生中该收手时就要收手，切莫让得到也变成了另外意义上的失去。

合理地放弃一些东西吧，因为只有这样我们才能得到更珍贵的东西。

失去火把，却最先看到光明

失去火把，却可以在黑暗中最先看到光明。

有个匪徒跟踪一个珠宝商人来到了大山里，一路上他总是没有机会下手。到了大山里，四周没有一个人，匪徒终于找到了下手的好机会，他拦住了珠宝商人的去路。

面对劫匪，商人第一个反应就是立即逃跑。于是，一个拼命逃亡，另一个穷追不舍。走投无路的商人钻进了一个山洞里，匪徒也跟了进去。在山洞里，匪徒抓住了商人，不但抢了他的珠宝，连商人准备在夜间照明用的火把也抢去了。

那个匪徒还算没有丧心病狂，他只图财没有害命。之后，两个人各自寻找山洞的出口。山洞里黑极了，没有一丝光亮。匪徒庆幸自己把商人的火把抢来了，要不然到死也走不出这个纵横交错的山洞。他将火把点燃，借着火把的亮光在洞中行走。火把为他的行走带来了方便，他能看清脚下的石块，能看清周围的石壁，因而他不会碰壁，不会被石块绊倒。但是他始终没有走出这个山洞，最后饿死在山洞里面。

商人失去了火把，心想着自己将要永远留在这个山洞里了，但是他又不甘心。没有了照明，他就在黑暗中摸索着前进，头不时碰在坚硬的石壁上，身体不时被石块绊倒，跌得鼻青脸肿。但是，过了一段时间，他看到从远处传来一丝光亮，那正是山洞的出口。

正是因为他置身于一片黑暗之中，所以能看见那一抹细微的光亮。他便迎着那缕微光摸索爬行，最终逃离了山洞。

依赖自身的优势，甚至达到盲目的地步，是人性中的陷阱之一。许多时候，优势与劣势是相互转化的，人有时候过分地依赖自身的优势，反而会进入致命的误区。在黑暗中摸索的人最终走出了黑暗，有火把照明的人却永远留在了黑暗的山洞中，这并不奇怪，世间有很多事情都遵循这样的道理。我们总想得到什么，而不愿失去，却总是忘记，有时失去会让我们得到更多想得到的东西，包括生命。

只有放弃眼前，才能立足长远

无论眼前的利益多么诱人，都应该将眼光放得长远一些。只有放弃眼前的小利益，才能获得长远的大利益。

一个年轻人十分希望自己能在社会上取得一番不凡的成就，但他屡屡碰壁，一事无成。于是，他来到一个富翁的家里，向对方请教成功的诀窍。

富翁弄清楚了青年的来意后，什么也没有说，只是转身从厨房拿来了一个大西瓜。年轻人有些迷惑不解，不明白富翁要做什么，只是睁大眼睛看着富翁把西瓜切成了大小不等的三块。

“如果每块西瓜代表一定的利益，你会如何选择呢？”富翁一边说一边把西瓜放在年轻人面前。

“当然选择最大的那块！”年轻人毫不犹豫地回答。

富翁笑了笑说：“那好，请用吧！”

于是富翁把最大的那块西瓜递给了年轻人，自己却吃起了最小的那块。当年轻人还在津津有味地享用最大的那一块时，富翁已经吃完了最小的那一块；接着，富翁很得意地拿起了剩下的一块，还故意在年轻人眼前晃了晃，然后又大口吃了起来。

其实，那块最小的和最后那一块加起来要比最大的那一块分量大得多。年轻人马上就明白了富翁的意思：富翁开始吃的那块瓜虽然没有自己吃的那块大，可是最后却比自己吃得多。如果每块西瓜代表一定程度的利益，那么富翁赢得的利益自然要比自己的多。

最后，富翁对年轻人语重心长地说：“只有放弃眼前的小利益，才能获得长远的大利益，这就是真正的成功之道。”

急功近利是人性的一面。许多人贪图小便宜，往往为眼前的小利益而迷惑，殊不知在得到的同时却往往失去了更多。生活中，我们常常被眼前利益的绚丽外貌蒙住了双眼，宁愿一直低头享受那片刻的短暂欢愉，也不肯抬起头望望远方，去寻找更大的空间。只为眼前利益的人，受人性所限，只会陷入庸人自扰的无边烦恼；唯有立足长远的人，才能突破人性的瓶颈，活出智慧人生。

不应因贪图小鱼而失去大鱼

纵容了一时的小贪欲，就会形成更大的贪欲，最终会因为小鱼而失去了大鱼。

从前，有个名叫公仪休的人特别喜欢吃鱼，此人后来还当了宰相。自从当了宰相后，很多人就通过各种方法打听公仪休的爱好，当得知他喜欢吃鱼时，就送来各种新鲜的鱼。对这些鱼，公仪休全部拒绝。

他哥哥不明白这是为什么，公仪休就对他说：

“我正是为了今后能吃上鱼，所以才拒绝这些鱼的。”

他哥哥更不明白了，继续问为什么，公仪休回答说：

“几条鱼不算什么，但是收了他们的鱼以后，我就会收比鱼更大价值的东西。久而久之，我就会成为一个贪官了。成了贪官，国君怪罪下来，就会治罪于我，将我打入牢中。到那时，我就是想自己花钱买鱼吃，也做不到了呀。”

他哥哥听了这番解释后，连连点头说：

“这样好，送来的鱼都不要吃，为的是以后有鱼吃。”

贪图小利常常使人失去清醒的头脑，一旦贪心遮住了你的双眼，就会为了一点小利而丧失理智，以致失去更多更为宝贵的东西，甚至是生命。

为长远作打算

在选择时目光短浅，就会失去很多本应得到的美丽事物。

三只不同的动物被一个人关进了三个不同的笼子。人对动物说："我可以满足你们每个动物一个愿望，请说吧！"

浪漫的袋鼠说："我要一只美丽的雌袋鼠。"

贪吃的兔子说："我要很多很多的核桃。"

勤奋的鸽子说："给我一大叠信纸和一支笔吧！"

三年以后，人决定放它们出来。

第一个冲出来的是兔子，它抱着一大堆核桃，大喊道："给我砸开！给我砸开！"原来干硬的核桃壳使它无法享受到核桃仁的美味。接着出来的是袋鼠，只见它怀里抱着一只小袋鼠，雌袋鼠拉着一只小袋鼠，还有一只小袋鼠跟在身后。

最后出来的是鸽子，它紧紧握住人的手说："这三年来我每天与外界保持联系，我的生意不但没有停顿，反而增长了200%！"

有些人做事只图眼前利益，而不会为长远打算。眼前可以得到的利益总给人一种实实在在的感觉，短视的心理却常常使人们失去本应该能够得到的美好事物。也许人们认为自己的行为是更注重现实，而实际上是自己将未来的发展与成功的机遇白白浪费掉了。

因失去而美丽

人不总是因为拥有全部而幸福，相反却会因失去而美丽。

国王有七个女儿，这七位美丽的公主是国王的骄傲。

她们那一头乌黑亮丽的长发远近皆知，所以国王送给她们每人 100 个漂亮的发夹。

有一天早上，大公主醒来，一如既往地用发夹整理她的秀发，却发现少了一个发夹，于是她偷偷地到二公主的房里，拿走了一个发夹。

二公主发现少了一个发夹，便到三公主房里拿走一个发夹；三公主发现少了一个发夹，也偷偷地拿走四公主的一个发夹；四公主如法炮制拿走了五公主的发夹；五公主一样拿走六公主的发夹；六公主只好拿走七公主的发夹。于是，七公主的发夹只剩下九十九个。

隔天，邻国英俊的王子忽然来到皇宫，他对国王说："昨天我养的百灵鸟叼回了一个发夹，我想这一定是属于公主们的，而这也真是一种奇妙的缘分，不晓得是哪位公主掉了发夹？"

公主们听到了这件事，都在心里说："是我掉的，是我掉的。"

可是她们头上明明都完整地别着 100 个发夹，所以都懊恼得很，却说不出来。

只有七公主走出来说："我掉了一个发夹。"

话才说完，七公主一头漂亮的长发因为少了一个发夹，全部披散了下来，王子不由得看呆了。

故事的结局自然是王子与公主从此一起过上了幸福快乐的日子。

每个人都有追求完美的本性。但是，人生不可避免地存在缺憾，你又怎样面对呢？逃避不一定躲得过，面对不一定最难受；孤单不一定不快乐，得到不一定能长久；失去不一定不再有，转身不一定最软弱。别急着说别无选择，别以为世上只有对与错，许多事情的答案都不是只有一个。换个思维，也许会有另外的收获。

不为懊恼种兰花

种兰花是为了欣赏它的美丽，又怎能因为失去兰花而影响自己的喜怒呢？

有一位金代禅师非常喜爱兰花，在平日弘法讲经之余，花费了许多的时间栽种兰花。有一天，他要外出云游一段时间，临行前交代弟子要好好照顾寺里的兰花。在此期间，弟子们总是细心照顾兰花，但有一天在浇水时却不小心将兰花架碰倒了，所有的兰花盆都打碎了，兰花撒了满地。弟子们都非常恐慌，打算等师父回来后，向师父赔罪领罚。金代禅师回来了，闻知此事，便召集弟子，不但没有责怪，反而说道："我种兰花，一来是希望用来供佛，二来也是为了美化寺庙环境，不是为了懊恼而种兰花的。"

在日常生活中，我们总是牵挂得太多，我们总是太在意得失，所以我们的情绪起伏，被人性中负面情绪的力量所牵制。被负面人性牵着鼻子走的人，不可能活出洒脱的境界。懊恼常常是人们在失去之后的最大反应，殊不知，懊恼已于事无补，根本不能左右事态的发展。所谓烦恼处处有，看开便全无，不为打翻的牛奶懊恼，是智者生活的写照。

不为打翻的牛奶哭泣

打翻的牛奶永远也不会再回来了，即使哭泣也没有用处。

十几岁的卡维琪经常为很多事情发愁。他常常为自己犯过的错误自怨自艾：交完考试卷以后，常常会半夜里睡不着，害怕没有考及格；他总是想那些做过的事，希望当初没有这样做；总是回想那些说过的话，后悔当初没有将话说得更好。

一天早上，全班到了科学实验室。老师温斯顿博士把一瓶牛奶放在水槽边上。大家都坐了下来，望着那瓶牛奶，不知道它和这堂生理卫生课有什么关系。

过了一会儿，温斯顿博士突然站了起来，一巴掌把那牛奶瓶打翻在水槽里，同时大声叫道：“不要为打翻的牛奶而哭泣。”

然后，他叫所有的人都到水槽旁边，好好地看看那瓶打翻的牛奶。

“好好地看一看，”他对大家说，“我希望大家能一辈子记住这一课，这瓶牛奶已经没有了，你们可以看到，它都漏光了，无论你怎么着急，怎么抱怨，都没有办法再救回一滴。只要先用一点思想，先加以预防，那瓶牛奶就可以保住。可是现在已经太迟了，我们现在所能做到的，是把它忘掉，丢开这件事情，只注意下一件事。”

卡维琪对这堂课感触颇深，他终于明白了自己的苦恼都来自何处了。

对错误不能释怀，陷入深深的自责，是人们常犯的毛病。但是，事情已经做错了，后悔和自责是没有用的，重要的是要尽量避免错误，并且在做错事情后好好地自我反省。如果你的每一天都在对你做错的事悔恨不已，那你只能终日生活在错误之中、苦恼之中了。

第七章

别让虚荣害了你

BIE RANG
XURONG
HAI LE NI

虚荣带不来长久的美丽

虚荣也许可以给你带来一时的容光，但却不会带来长久的美丽。

从前有个猎人，射箭的技巧非常精湛，每次村里的年轻人一同出外打猎，他猎到的动物都最多，大伙儿便封了他一个头衔，叫“猎王”。猎王原来用的那把弓，外表平实，很不起眼，有了猎王的头衔以后，他心里想：“我的身价已经跟以前大不相同了，如果再用这把难看的弓，一定会遭人笑话。”于是便把旧弓丢弃了，另外找人制造了一把新弓，上面雕刻了非常精致的花纹，每个人见了都忍不住要摸一摸，称赞几句。猎王更得意了。有一天，村子里举行射箭比赛，猎王带着美丽的新弓，很神气地到达比赛地点。等轮到猎王出场时，大伙儿都鼓掌喝彩，准备看他一显身手。只见猎王拈弓搭箭，才将弦一拉紧，那美丽的雕花弓竟然当场折断了。在场的人个个哄堂大笑，猎王面红耳赤，一时羞窘得说不出话来。

虚荣是人性中的一个根深蒂固的元素。它常常迷惑人的眼睛与心灵，使人们为了追求事物的外在表现而进行精心雕琢，巧妙配饰，以期得到更加美丽的效果。但事实往往并不随心所愿，对外表的关注使得对内在的注重不再严格，渐渐地忘记了该事物的本来用途，使它慢慢丧失了它本应有的作用。

不可为面子丢掉进步的机会

面子可以遮丑但不可以让你进步，为了面子问题而失去进步的机会这是得不偿失的。

在最初的时候，森林里的鸟儿都不会唱歌。直到有一天，从很远的地方飞来了一只很会唱歌的云雀，她的歌声那么委婉动听，感动了森林里所有的鸟。所有的鸟一致要求云雀教她们唱歌。经不住所有鸟儿的苦苦恳求，云雀答应了。

开始教歌的第一天，云雀首先教音符。她教一声，大家就唱一声。教了一会儿，云雀为了检验学生们学习的情况，就请它们一个个地站出来单独试唱。第一个点的是乌鸦。乌鸦红着脸，扭扭捏捏地站了起来，不好意思地低声发出了声音。由于她的羞涩，发出的音符走了调，大家一下哄堂笑了起来。这一来乌鸦更羞得脸红脖子粗，她暗地里想：“嗨！多丢人呀！丑死了！”云雀制止了大家的笑，为了更准确地纠正乌鸦的发音，她请乌鸦大声再唱一遍。乌鸦却想：“这不是存心丢我的面子吗？我才不愿再丢丑呢！”她一声也不吭，恨恨地飞走了。从此再也不接受云雀的邀请。

云雀后来又请其他的鸟来唱。其他的鸟在最初几次发音也走了调，大家也同样地嘲笑了它们；但那些鸟儿却都没有像乌鸦那样飞走，而是总结经验，听从云雀的指导，耐心地学了下去。

后来，森林里其他的鸟儿都学会了唱歌，声音悦耳动听，唯独乌鸦到现在还不会唱歌，偶尔叫喊几声也仍然是当初走调的声音。

爱面子和死要面子是人性中的通病，在他人的嘲笑中缺乏的是对自己坚定的信念，一味地为自己护短，这本身就是对自己不负责的表现，最终吃亏的还是自己。

虚荣会招致别人的反感和敌意

虚荣心重的人不但不会得到别人的尊重和推崇，反会招致别人的反感和敌意。

一天，森林女神通知所有的鸟儿，她准备在第二天选出一只最漂亮的鸟儿，并让她当鸟王。

这下森林里比往常更热闹了，鸟儿们都不甘示弱，叽叽喳喳地夸耀着自己的美丽。

在众鸟当中，只有乌鸦默不作声，悄悄地躲在一旁，因为它是大家公认最丑的鸟儿，一身乌黑，羽毛一点儿也不鲜艳。可是，乌鸦的虚荣心特别强，它禁不住鸟王宝座的诱惑，它要想尽一切办法争取做最漂亮的鸟儿。

乌鸦想啊，想啊，终于有办法了。它向每个鸟儿都要了一根羽毛，鸟儿们都不知它想干什么，纷纷给了它。乌鸦回到窝里，偷偷把这些色彩缤纷的羽毛都粘在了自己身上。

第二天，所有的鸟儿们梳洗打扮得漂漂亮亮，聚集在森林女

神周围。

女神为了防止大家闹意见，仔仔细细地看了一遍，逐个进行了比较。最后，它指着乌鸦说：“大家看，它身上具有所有鸟儿羽毛的颜色，它是最漂亮的鸟儿，从现在起，它就是鸟王了。”鸟儿们看了，也都禁不住啧啧地赞叹起来。

乌鸦听了，心里高兴极了，忍不住得意地“呱呱”叫了两声。这下大家可听出来了，原来是乌鸦啊！难怪它昨天向我们要羽毛呢，太可恶了！

愤怒的鸟儿们一起围了上去，你一口，我一口，把自己的羽毛都啄了回来，乌鸦马上原形毕露了。

乌鸦羞得满脸通红，赶紧转身飞走了。

虚荣心重的人，所欲求的东西莫过于名不副实的荣誉，所畏惧的东西莫过于突如其来的羞辱。他们不但不会得到别人的尊重和推崇，反会招致别人的反感和敌意。

百般掩饰，最终自毁前程

每个人的虚荣心都应和他的愚蠢等高。

有一只猫总是喜欢吹嘘自己的得意之处，对于自己的过失和缺点却百般掩饰。

它捕捉老鼠的本领还不太精湛，经常会让老鼠从自己的口中逃掉。对这种情况，它就解释说：“我看它太瘦了，先放走它，等以后养肥了再说。”

它到河边捉鱼，鲤鱼的尾巴狠狠地打在它的脸上，把它的脸打肿了，它却装出笑容说：“那是我不想捉它，捉它还不容易？我就是要用它的尾巴洗把脸。刚才到阁楼上去玩，把脸弄脏了！”

一次，它掉进泥坑里，浑身沾满了污泥。同伴们惊异地看着它，它连忙解释道：“我最近身上长了一些跳蚤，用这个办法治它们，最灵验不过了！”

后来，它不小心掉进了河里，同伴们打算救它，它却说：“你们认为我遇到危险了吗？不，我太热了，想洗个澡……”可是它话还没有说完，就沉没了。有同伴说：“不好了，它沉下去了，我们快救救它吧！”

“走吧，”另一只猫说，“我们一片好心，到时候又要被当成驴肝肺。一会儿它肯定会说它在表演潜水。”

因好面子而对自己的过错百般掩饰，即使落入危险之际也要打肿脸充胖子，拒不接受别人的帮助，最终只能葬送自己的性命。

爱慕虚荣遭厄运

因为好面子而想攀高结贵，却没想到是送羊入虎口。

从前，有一只老鼠生下了一个漂亮的女儿，老鼠总想把女儿嫁给一个有权势的人。它看到太阳很非凡，就巴结太阳说："太阳啊！你多么伟大、能干，万物没有你简直就无法生存，你娶我的漂亮女儿做妻子吧！"太阳客气地回答："我不行，因为乌云能遮住我，把你的女儿嫁给乌云吧。"

老鼠又去找乌云，老鼠对它说："你娶了我的女儿吧，你有这样神通广大的本领，我真敬慕你。"乌云说："不行，我没什么本领，我比不上风，风一吹，我就被吹跑了。"

老鼠一听，原来风比乌云更有本领，就找到风，对它说："风啊！我可找到你了，听说你很有本领、有权威，我愿将我美丽的女儿嫁给你。"风一听这无头无尾的话，紧锁双眉说："谁稀罕你的女儿，你去找墙吧，它比我行！"

老鼠一听，又决定去找墙。墙偷偷地说："我倒是怕你们这些老鼠，你们一打洞，我可就危险了。我不配做你的女婿。"

老鼠一想：墙怕老鼠，老鼠又怕谁呢？它忽然想起了祖宗的古训，老鼠生来是怕猫的。它就赶紧去找猫，点头哈腰地说："猫大哥，我总算找到你了，你聪明、能干，有本事、有权威，做我的女婿吧！"猫一听，倒是爽快地答应了："太好了，就把你女儿嫁给我吧！最好今晚就成亲。"

老鼠一听，猫大哥真不愧有魄力、有作为的男子汉，这下总算给女儿找到如意郎君了。于是喜滋滋地跑回家去，大声对女儿说道："终于给你找到好靠山了，猫大哥最显赫、最有权势，你能享一辈子福了！"当晚就把女儿打扮起来，请来了一群老鼠仪仗队，打着灯笼、凉伞、旗子，敲着锣鼓，一路上吹吹打打，把女儿用花轿送到了新郎的住地。猫一看，老鼠新娘来了，等轿子刚进门，还未等新娘下轿就扑了上去，一口将可爱的新娘吞进肚里去了。

这是存在于我们生活中的一种现象，为了爱慕虚荣而想攀高结贵，却没有弄清楚事情的真相，一味沉浸在虚荣的光环中，而不知道危险已经来到了自己的身旁。

虚荣并不能救你的命

能够带给你虚荣的东西往往不会帮助你摆脱困境，反而会给你带来致命的伤害。

在一个丛林中，有一只小鹿跟在妈妈的后面来到一个水塘边。

小鹿在水中看见了自己的影子。它发现，它有着一对非常漂亮的角！它们像两株蓬勃生长着的小树，在它的头上挺立着。这对角把它装扮得比天上的仙女

还美丽。

可是，当小鹿看见自己的四只脚时，却大失所望，它们太难看了，粗粗壮壮的，就像四根没有任何光泽的木棍，根本就无法给自己带来光彩。

小鹿为自己头和脚的不相称而痛苦异常。

小鹿对它的妈妈说："妈妈，把我的四只脚去掉，让我只保留头上美丽的角吧。"

"傻孩子，你的四肢虽然不美丽，但它们却可以把你带到任何地方去，最重要的是它们可以帮你摆脱敌人的追击。"

"不，妈妈，我头上有美丽的角，谁见了都会喜欢的，没有人舍得伤害我。"

"孩子，正因为你头上有一对不一般的美丽的角，才有可能给你带来致命的伤害。"

有一天，一位猎人发现了每天都到水塘边喝水的小鹿，便用弓箭射击它。小鹿撒腿就跑。它跑过草地，跨过河流，穿过丛林，眼看马上就要摆脱猎人的追击了，可惜的是，它头上美丽的双角被丛林中的杂藤缠住了，怎么甩、怎么挣扎都无济于事。

猎人终于追上了小鹿，美丽的双角使它丧命于猎人的弓箭之下。

美丽的事物可以满足你一时的虚荣，却无法帮助你摆脱困境，而且，往往就是那曾经带给你无比虚荣感受的美丽，会带给你致命的伤害。

贬低别人并不能抬高自己

为了保住面子，平庸的人总是靠贬低别人来抬高自己，却无法改变平庸的本性。

到了麦子抽穗的时候了，天却一直在干旱，老农们急得心都着火了。这天上午，忽然乌云密布，雷声大作，不一会儿，就下起雨来。老农们高兴地跑到田边，看着得到雨水滋润的庄稼，激动地对着下雨的天空做了一个揖。

躺在地头的一块石头看见了，对此很不高兴，它酸溜溜地说："哎呀！看来万物都为它感到喜悦呀！噢，盼它就像盼一位国际贵宾似的，可它究竟做了什么事呢？也只不过下了两三个小时，有什么了不起的？"石头看了一下自己，又委屈地说道，"就是嘛，我在这里已经住了几百上千年了，我一直都这么谦恭、沉静，这么安分、平和，这么彬彬有礼，这么随遇而安，却从来没有人来表扬我，感谢我，这个世界真是太不公平了，怪不得老听见有人在骂这个世界不公平，其实一点都不错！"

"住嘴吧，你，"一只虫子听不下去了，它打断了石头的话，正颜厉色地说："雨下的时间是短了些，只有两三个小时，甚至有时才一两个小时，但是雨水滋润了大地，在雨水的浇灌下，农民能够获得丰收，而你在地里几百上千年，却完全没有用处，不仅如此，你还压着这块肥沃的土壤，你只是个无用的多余的包袱，没有谁从你这里得到一点好处，你是毫无价值的，不是吗？"

石头被说得哑口无言，羞愧地低下了头。

平庸的人从来不愿承认自己的无能，为了保住自己的面子，他们极尽挖苦之能事，靠贬低别人来抬高自己。然而，平庸的本质并没有因它的彰显而改变。

不懂装懂要不得

不懂并不丢人，不懂装懂才是真正的愚蠢。

有一只猴子，有一天钻进山上守林人的木屋里，偷了一点儿点心之类的干粮，临出门还顺手摘下挂在床头的一管箫。

群猴分享了干粮，坐在火堆边把食物三口两口吃光了，又把那管箫拿出来反复研究，轮番把玩……

谁也不懂这玩意儿是什么东西。

一只小猴子拿过去闻了闻，没有闻出什么增加食欲的香味，皱着眉头，摇了摇头；一只大猴子拿过去对着箫管瞄了瞄，没有看出什么隐藏机关的秘密，也跟着摇了摇头；一只老猴子接过来，使劲对着箫管咬了一口，可是这家伙硬邦邦的，一点儿也咬不动……

老猴子发话了："我知道了，人类有一个不良的习惯，那就是喜欢拿一些没有用的东西来当摆设，附庸风雅。可以肯定，这劳什子无疑是人们用来摆设的废物。"

老猴子一锤定音。既然是废物，群猴们除了嘲笑那只偷箫的猴子之外，一致同意将它扔掉算了。

可是那只偷箫的猴子不服气。它拿过箫，朝着火堆拨弄了几下，立即高兴地跳了起来：“怎么能说没有用处呢？可以当拨火棍啊！”

经过猴子拨弄的火堆又燃起了旺盛的火苗。

这时，旁边一只大猴子接过箫，看了看说：“你也笨到家了，这东西中间是空的，还可以吹火筒呢！”说罢它鼓起腮帮子连吹了几下，箫管发出了莫名其妙的声响，而这一吹，火堆里的火苗真的又旺盛起来了。

于是，众猴子接过箫，当作吹火筒，轮番吹了起来。大家兴高采烈，轮番把玩，其乐融融。老猴子最后把箫接过来，下了结论：“我们猴子真是聪明绝顶，人们拿来当摆设的东西，我们竟然能想到拿来当拨火棍和吹火筒，真是不简单！听说人类有个进化论，说人类是从猴子进化来的。错！应该说，猴子是从人类进化来的。不然，我们怎么会比人类聪明呢？”

这群猴子不知道箫的用处，却在那里自作聪明，把箫当作拨火棍和吹火筒，甚至认为猴子比人聪明。这个故事告诉我们，不懂就是不懂，千万不要装懂。

很多人不懂装懂，但绝大多数人是自以为懂，所以这些人才在说话或做事时处处抢先，想出尽风头却丢尽了脸。

故作谦虚换来奚落

有时候，故意表现出来的谦虚比真正的骄傲更让人难以接受。更重要的是，不是出于真心的“谦虚”，很容易让人陷入囹圄的境地。

有一次，剧作家普契尼到“斯卡拉”剧院看他的新歌剧《托斯卡》上演。他注意到观众对戏的赞誉很高，十分得意。“您为什么不鼓掌？您不喜欢这个戏吗？”邻座一位陌生妇女问道。

“哦，不太喜欢。”普契尼答道，“戏里有些地方写得不够清楚。”他对所碰到的际遇感到很有趣。

“那有什么关系，作者有权创新。”妇人反驳道。

“可能……不过最坏的是模仿。您没有听出有些曲调是受威尔第的影响吗？”

“这只不过是继承意大利的传统。”妇人不服地说。

“我不这样认为。此外，合唱太拖拉了，应该更轻巧、生动些。”

“您真这样认为吗？”

“当然。”

第二天，普契尼打开报纸，一个标题映入眼帘：《普契尼关于他的“托斯卡”的谈话》。使他大吃一惊的是，文章把他故作谦虚说的有关此剧的评论几乎只字不落地刊登出来。他万万没想到，剧院中坐在他身旁的妇女竟是米兰最畅销的报纸的评论家。

可以说，故作谦虚其实是骄傲和虚荣的另一种表现。表面上看似乎是谦卑的语言，实际上是一种炫耀。正如一位哲学家所说的“勇敢其实是恐惧的影子而已”，故意表现出来的谦虚，恰恰只是骄傲和虚荣的“影子”。

小聪明大糊涂

不要徒有聪明的外貌，还要有聪明的实质。

有一只猴子见过世面，知道的道理深而广，因此，不管谁有什么弄不清的事情，都愿意去问它。

有一天，鸭子问猴子，小河上那个旋转着的木轮是什么？鸭子说，如果是车轮，它理应向前走，而不是原地不动。

“那叫水磨！”猴子打了个呵欠伸了个懒腰。“水冲打在木轮的槽上，推动了木轮，草房里的石磨就转动起来。南方有些地方也用这个方法舂米。”

“可是，木轮是立着转的，而石磨是平躺着转的呀！”鸭子仍旧有所疑惑，语气中多少有点不服气。

“这……”猴子确实弄不清石磨为什么平躺着转，但它是有自尊心的，不愿意向任何人露出自己的无知——哪怕是情有可原的无知。

“傻家伙！你是不是也想问问你的嘴为什么是扁的呢？”

大家哄笑起来，同时也觉得，这些浅显的道理猴子一定懂得，是鸭子太愚蠢了。

又有一天，喜鹊对猴子说：“那天，我飞到公路旁边，有种什么声响把我吓坏了！嗡嗡的，像铁鸟叫，可天上明明没有铁鸟……”

花猫在一旁点头证实。它那天在公路附近找食的时候，也听到过这种声响。

“公路旁边？那是电线杆子在响吧？”

“为什么有的电线杆响，有的就不响呢？”

“这……”猴子含含糊糊地答道，“为什么为什么，哪儿来的这许多为什么？爱打破砂锅问到底可未必是一种好习惯！为什么你的颜色和乌鸦的就不同？”

大家又一同嘲笑喜鹊。

猴子貌似学识渊博，见多识广，却搞不清水磨和风车的区别，飞机和电线杆响得不同，别人再问，它就训斥别人。猴子骂别人是“傻家伙”，其实它自己才是地地道道的“傻家伙”。这正是人性弱点的一种赤裸裸的表现。

圣·保罗不是曾说过吗？“只有虔诚的外表，却没有虔诚的内心”。与此相似，生活中有许多人徒然具有一副聪明的外貌，却并没有聪明的实质——“小聪明大糊涂”。

做事要一视同仁

“将来如果您不是明星了，再来修车，我也会像今天一样接待您。”这是一位普通修车工对一个电影明星说的话。

他是一个著名的电影演员。在一次回家的路上，汽车出了毛病，他开车来到汽车检修站，当时接待他的是一个年轻的女孩子。令他奇怪的是，对方见到他时竟然没有一点儿反应。

“您喜欢看电影吗？”他不禁问道。

“当然喜欢，我是个电影迷。”

她手脚麻利，不到半小时就修好了车：“您可以开走了，先生。”

他被这个女孩吸引住了：“小姐，您可以陪我去兜兜风吗？”

“不，先生，我还有工作。”

“这同样是您的工作。您修的车，难道不亲自检查一下吗？”

车跑得很好。姑娘说：“看来没有什么问题，请让我下车好吗？”

“怎么，您不想再陪陪我吗？”

“我还有很多的事情要做。”

“您不认识我？”

“怎么不认识，您一来我就认出，您不就是刚获得金奖的电影明星吗？”

“既然如此，您为何对我这样冷淡？”

“不！您错了。我有我的工作。您今天来修车，是我的顾客，我就像接待其他顾客一样接待您；将来如果您不再是明星了，再来修车，我也会像今天一样接待您。人与人之间不应该是这样吗？”

明星沉默了。在这个普通的女孩子面前，他感到自己的浅薄与狂妄：“小姐，谢谢！您让我受到了一次很好的教育。现在，我送您回去。”

虚荣是人性中的一个顽固的点。明星因自己的特殊身份而不可一世，处处想要特殊待遇，而恰恰也有一群所谓的追星族为能与明星见面而自感无上光荣。然而，人与人之间又有什么差别呢？怎么可以因他的特殊地位而给予不同的待遇？一视同仁应该成为我们的做事原则。

享受不完美的美

世界上根本就不存在任何一个完美的事物。

在古时候，有户人家有两个儿子。当两兄弟都成年以后，他们的父亲把他们叫到面前说：“在群山深处有绝世美玉，你们都成年了，应该做探险家，去寻求那绝世之宝，找不到就不要回来。”

两兄弟次日就离家出发去了山中。

大哥是一个注重实际不好高骛远的人，不论他发现的是一块有残缺的玉，或者是一块成色一般的玉，甚至是些奇异的石头，他都统统装进行囊。过了几年，到了他和弟弟约定的会合回家的时间。此时他的行囊已经满满的了，尽管没有父亲所说的绝世完美之玉，但在他看来，这些造型各异、成色不等的玉石足以令父亲满意了。

后来弟弟来了，两手空空一无所得。弟弟说："你这些东西都不过是一般的珍宝，不是父亲要我们找的绝世珍品，拿回去父亲也不会满意的。"

弟弟又说："我不回去，父亲说过，找不到绝世珍宝就不能回家，我要继续去更远更险的山中探寻，我一定要找到绝世美玉。"

哥哥带着他的那些东西回到了家中。父亲说，你可以开一个玉石馆或一个奇石馆，那些玉石稍一加工，都是稀世之品，那些奇石也是一笔巨大的财富。

短短几年，哥哥的玉石馆已经享誉八方，他寻找的玉石中，有一块经过加工成为不可多得的美玉，被国王御用作了传国玉玺，哥哥因此也成了倾城之富。

在哥哥回来的时候，父亲听了他介绍弟弟探宝的经历后说，"你弟弟不会回来了，他是一个不合格的探险家，他如果幸运，能中途有所悟，明白至美是不存在的这个道理，是他的福气。如果他不能早悟，便只能以付出一生为代价了"。

很多年以后，父亲的生命已经奄奄一息。哥哥对父亲说要派人去寻找弟弟。

父亲说："不要去找，如果经过了这么长的时间和挫折都不能醒悟，这样的人即便回来又能做成什么事情呢？世间没有纯美的玉，没有完善的人，没有绝对的事物，为追求这种东西而耗费生命的人，何其愚蠢啊！"

追求事物的完美是每一个人的特性。然而，世界上根本就不存在任何一个完美的事物。一味地追求完美只能让你错过更多本已精彩的画面，还会在追寻完美的过程中迷失自己的路。

接受不完美的自己

天生我材必有用，要勇于直面不完美的自我。

一位挑水夫，有两个水桶，分别吊在扁担的两头，其中一个桶有裂缝，另一个则完好无缺。在每趟长途挑运之后，完好无缺的桶总是能将满满一桶水从溪边送到主人家中，但是有裂缝的桶到达主人家时却只剩下半桶水了。

两年来，挑水夫就这样每天挑一桶半的水到主人家。当然，好桶对自己能够送满整桶水感到很自豪。破桶呢？对于自己的缺陷则非常羞愧，它为只能负起一半的责任感到很难过。

饱尝了两年失败的苦楚，破桶子终于忍不住，在小溪旁对挑水夫说："我很惭愧，必须向你道歉。""为什么呢？"挑水夫问道："你为什么觉得惭愧？""过去两年，因为水从我这边一路地漏，我只能送半桶水到你主人家，我的缺陷使你做了全部的工作却只收到一半的成果。"破桶说。挑水夫替破桶感到难过，他充满爱心地说："在我们回主人家的路上，你要留意路旁盛开的花朵。"

果真，他们走在山坡上，破桶眼前一亮，看到缤纷的花朵开满路的一旁，沐浴在温暖的阳光之下，这景象使他开心了很多！但是，走到小路的尽头，它又难受了，因为一半的水又在路上漏掉了！破桶再次向挑水夫道歉。挑水夫温和地说："你有没有注意到小路两旁，只有你的那一边有花，好桶的那一边却没有开花呢？我明白你有缺陷，因此我善加利用，在你那边的路旁撒了花种，每回我从溪边来，你就替我一路浇了花！两年来，这些美丽的花朵装饰了主人的餐桌。如果你不是这个样子，主人的桌上也没有这么好看的花朵了！"

我们都知道没有完美的人，却又追求完美。完美主义已经深深地渗入了我们的血液。对于自己的缺陷不要耿耿于怀，要敢于直面不完美的自我。

学会容纳自己的不完美，实事求是地看待自己，才能从自身条件不足和所处的不利环境的局限中解脱出来，去做自己想做的事。

面子能值几个钱

如果你为了给自己争面子而"打肿脸充胖子"，那么最终吃亏和难受的只能是你自己。

赛西莉上大学一年级时，每月只有5镑生活费，这本该够用了，可是她却时常感到拮据。有时同学邀她参加聚会，她只好说"行"，即使那意味着第二天她的午饭没有着落，也很难说"不"。

这天上午，她的姨妈邀请她去"某处吃午饭"。实际上，此时的赛西莉只有20先令了，还得维持到月底呢，可是她觉得自己“无法拒绝”！

赛西莉知道一家合适的小咖啡馆，在那儿可以一人花3先令吃顿午饭。那样的话，她就可以剩下14先令用到月底了。

“哎，”姨妈说，“我们上哪儿去呢？午饭我从不吃得太多，一份就够了。咱们去一处好点儿的地方吧。”

赛西莉领着她朝那家小咖啡馆的方向走去，突然她姨妈指着街对面的那家“典雅咖啡厅”说：“那儿不是挺好吗？那家咖啡厅看上去不错。”

“嗯，好吧，如果比起我们要去的地方您更喜欢的话。”赛西莉这样说了，她可不能说：“亲爱的姨妈，我的钱不够，不能带您去那豪华的地方，那儿太贵了，花钱很多的。”因为她在想：“或许买一份菜的钱还是够的。”

侍者拿来了菜单，她姨妈看了一遍后说：“吃这份好吗？”

那是一道法式烹饪的鸡肉，是菜单上最贵的：7先令。赛西莉为自己点了最便宜的菜——只需3先令。这样，她用到月底的钱就还剩下10先令。不，9先令，因为她还得给侍者1先令呢。

“这位女士，您还想要什么吗？”侍者说，“我们有俄式鱼子酱。”“鱼子酱！”她姨妈叫道：“啊！对——那种俄国进口的鱼子棒极了！我可以要一些吗？”

赛西莉心想：“那样我用到月底的钱就只有5先令了。”可是又不好意思说不行。于是，她要了一大份鱼子酱，还有一杯酒以及那份鸡肉。她只剩下 4 先令了，4 先令够买一周的奶酪面包。可是，她刚吃完鸡肉，又看见一个侍者端着奶油蛋糕走过。“嘿！”她姨妈说：“那些蛋糕看上去非常好吃，我不能不吃！就吃一个小的。”

只剩 3 先令了。

这时侍者又端来一些水果，她肯定该吃一些。当然，还得喝些咖啡，尤其是她们在吃了这么好的午饭之后。没有啦！甚至准备给侍者的一先令也没有了。

账单拿来了：20 先令。赛西莉在盘里放了 20 先令，没有侍者的小费。她姨妈看了看钱，又看了看赛西莉。

“那是你全部的钱？”姨妈问。

“是的，姨妈。”

“你全用来招待我吃一顿美味的午饭，真是太好了——可是太傻了。”

“不，姨妈。”

“你在大学学语言吗？”

“对。”

“在所有的语言当中，哪个字最难念？”

“我不知道。”

“就是‘不’这个字。随着你长大成人，你得学会说‘不’——即使是对非常亲近的人。我早就知道你没有足够的钱上这家餐馆，可是我想让你得个教训，所以我不停地点最贵的东西，并且注意着你的表情——可怜的孩子！”姨妈付了账，并给了赛西莉5镑钱作礼物。

“天啊！”姨妈说，“这顿午餐差点撑死你可怜的姨妈了，我通常的午饭只是一杯牛奶。”

因为虚荣，而常常为了给自己争面子“打肿脸充胖子”，最终吃亏和难受的还是自己。其实，如果做到实事求是、量力而行，懂得在适当的时候说出“不”字，就不会将自己搞得那么累。

第八章

自己的路自己走

ZIJI DE
LU
ZIJI ZOU

幸福要靠自己争取

有些人残酷地拒绝了幸福，还愤愤地抱怨着，认为祥云从未卷过他的天空。

有一个姑娘去看心理医生。她面容非常憔悴，看了让人不禁一丝心酸，她无穷无尽地向医生抱怨着生活的不公，刚开始医生还静心地听她说，但很快就沉入她洪水般的哀伤之中了。好像你不得不承认，有些人就是特别倒霉，灾难好似一群鲨鱼，闻到人伤口的血腥之后，就成群结队而来，肆意啄食他的血肉，直到将那人的身体啃成一架白骨。

“从刚开始，我就知道自己这辈子不会有好运气的。”她说。

“你如何得知的呢？”医生问。

“我小时候，一个道士说过：‘这小姑娘面相不好，一辈子没好运的。’我牢牢地记住了这句话。当我找对象的时候，一个出色的小伙子爱上了我。我想，我会有这么好的运气吗？没有的。于是我就匆匆忙忙地嫁给了一个酒鬼，他长得很丑，我以为一个长相丑陋的人，应该多一些爱心，该对我好。但霉运从此开始。”

医生说：“你为什么不相信自己会有好运气呢？”

她固执地说：“那个道士说过的……”

医生说：“或许，不是厄运在追逐你，是你在制造它。当幸福向你伸出双手的时候，你把自己的手藏在背后了，你不敢和幸福击掌。但是，厄运向你一眨眼，你就迫不及待地迎了上去。一个道士又怎么能左右你的生活呢？”

她看着自己的手，迟疑地说：“我曾经有过幸福的机会吗？”医生感觉无言。有些人残酷地拒绝了幸福，还愤愤地抱怨着，认为祥云从未卷过他的天空。

我们遇到困难时，总想去向别人求助，想从对方处得到一些指导和帮助，而对方的话也会对我们有很大的影响。别人的意见最多是为你的行为做一些参考和指导，关键时刻还得要自己做主，独立思考才最重要。为什么不相信自己呢？为什么偏要那么在意别人的一面之词呢？

不要为他人而活

不要生活在别人设定的范围里，你应活出真实的自己。

从前，在夏威夷有一对双胞胎王子。有一天，国王想为大儿子娶媳妇了，便问他喜欢怎样的女性。

大王子回答：“我喜欢瘦的女孩子。”

得知这一消息的岛上年轻女性想：“如果顺利的话，或许能攀上枝头做凤凰。”于是大家争先恐后地开始减肥。

不知不觉，岛上几乎没有胖的女性了。不仅如此，因为女孩子一碰面就竞相比较谁更苗条，甚至出现了因为营养不良而得重病的情况。

但后来却出现了意外的情况。大王子因为生病一下子就过世了，因此仓促决定由弟弟来继承王位。

于是国王又想为小王子娶媳妇，便问他同样的问题。“现在女孩都太瘦弱了，而我比较喜欢丰满的女性。”小王子说。

得知消息的岛上年轻女性开始竞相大吃特吃，于是，岛上几乎没有瘦的女性了，但岛上的食物也被吃得匮乏，甚至连为预防饥荒的粮食也几乎被吃光了。

最后王子所选的新娘却是一位不胖不瘦的女性。

王子的理由是：“不胖不瘦的女性，更显青春和健康。”

每个人的审美观并不相同，太看重别人的评价，活在别人的世界里，或因为自己一点的缺陷就自卑，不但没有必要，而且会影响自己正常的生活。你要学会活出真实的自己。

学会欣赏自己

学会欣赏自己、珍爱自己，才能够为自己感到骄傲。

今天的太阳真好。动物们坐在草地上聊天。

狗熊挪了一下笨拙的身子说：“说实在的，我真羡慕小兔子那么灵活，跑起来像一阵风！”

小兔子不好意思了，说：“我真羡慕小刺猬，长有一身的刺，谁也不敢欺侮它。”

小刺猬没想到有人会称赞它，高兴地说：“我真羡慕长颈鹿，它能站得那么高，看得那么远，我可不行。”

长颈鹿说：“我真羡慕小猴子，它能爬得像我一样高，但也能到地面上喝水、采草莓，我可办不到。”

小猴子抓抓后脑勺说：“我真羡慕梅花鹿，它能在草地上跑得飞快，我不行。”

梅花鹿的胆子很小，听到这话脸都羞红了。它说：“我真羡慕狗熊大伯，它胆子大，力气也大，碰到有小树、枯枝挡路，他一巴掌就能把树劈倒。”

狗熊听了这话笑了，它说：“看来生活不是十全十美的，我们都爱羡慕别人，但是我们也有被别人羡慕的地方。我们应该珍爱自己，为自己自豪……”

大伙听了狗熊的话，心里挺暖和，就像太阳晒在身上一样。

自我诋毁、自我贬低，是非理性的人性。其实，每一个人都有自己的特长、优势，要学会欣赏自己、珍爱自己，为自己骄傲。我们没有必要因别人的出色而看轻自己，也许自己也正被他人羡慕着。

不要过度追求赞许

你的身份并不会因为别人的赞许而提高，也不会因为他们的贬损而降低。

赫尔墨斯是古希腊神话中天神宙斯的儿子，是主管商业之神。有一次，他想考证一下自己在人间百姓中的地位到底有多高，便化装成一位顾客来到雕像店。他指着宙斯的头像，问雕像者："这个值多少钱？""七便士。"

他又走到自己的雕像前，心想，自己是商业的庇护神，地位一定比宙斯高，便问："这个值多少钱？"雕像者指着宙斯的像说："假若你买那个，这个算添头，白送。"赫尔墨斯本想听听雕像者对自己的赞赏，抬高自己的身价，谁知讨了个没趣，只得灰溜溜地走了。

期待别人的赞许，会让自己陷入他人的判断之中。过于在意别人对自己的认可，无异于活在别人的价值标准里。其实，你的身份并不会因为别人的赞许而提高，也不会因为他们的贬损而降低。只要坦荡做人，活出真实的自我，你就能获得一份心安、一份满足。

合适的才是最好的

别人的幸福也许不适合自己，更有甚者，别人的福地也许正是自己的坟墓。

有两只老虎，一只在笼子里，一只在野地里。

在笼子里的老虎三餐无忧，在外面的老虎自由自在。两只老虎经常进行亲切的交谈。

笼子里的老虎总是羡慕外面老虎的自由，外面的老虎却羡慕笼子里的老虎安逸。一日，一只老虎对另一只老虎说："咱们换一换。"另一只老虎同意了。

于是，笼子里的老虎走进了大自然，野地里的老虎走进了笼子。从笼子里走出来的老虎高高兴兴，在旷野里拼命地奔跑；走进笼子的老虎也十分快乐，它再不用为食物而发愁。

但不久，两只老虎都死了。

一只是饥饿而死，一只是忧郁而死。从笼子中走出的老虎获得了自由，却没有同时获得捕食的本领；走进笼子的老虎获得了安逸，却没有获得在狭小空间生活的心境。

合适的才是最好的。放弃自我的拥有，去追求他人的生活方式，是削足适履的愚行。许多时候，人们往往对自己的幸福熟视无睹，反而觉得别人的幸福很耀眼。想不到，别人的福地也许对自己不适合；更想不到，别人的幸福也许正是自己的坟墓。

别太在意别人的议论

置身于别人的话语圈中，让别人的议论左右自己，往往却忽视了自己的尴尬境地。

一群人到山上去游玩，其中一个人不小心掉进很深的坑洞里，他的右手和双脚都摔断了，只剩一只健全的左手。坑洞非常深，又很陡峭，地面上的人束手无策。

幸好，坑洞的壁上长了一些草，那个人就用左手撑住洞壁，以嘴巴咬住草，慢慢地往上攀爬。

地面上的人看不清洞里，只能大声为他加油。等到看清他身处险境，嘴巴咬着小草攀爬，忍不住议论起来。

“情况真糟，他的手脚都断了！”

“哎呀！他这样一定爬不上来了！”

“对呀！那些小草根本不可能撑住他的身体。”

“可惜！他如果摔下去死了，留下庞大的家产就无缘享用了。”

“他的老母亲和妻子可怎么办才好！”

落入坑洞的人实在忍无可忍了：“你们都给我闭嘴！”

就在他张口的一刹那，他再度落入坑洞。

当他摔到洞底即将死去之前，他听到洞口的人异口同声地说：“我就说嘛！用嘴爬坑洞，是绝对不可能成功的！”

人就是这样，太在意别人对自己的看法。总想在别人面前展示一个完美的自己，而不能容忍别人对自己的丝毫质疑。就像将自己置身于别人的话语圈里，而往往忽视了自己的尴尬处境。

不必随人俯仰

如果有人对你说你无法获得成功，那么就当听不到吧。

一群蛤蟆在进行竞赛，看谁先到达一座高塔的顶端。周围有一大群围观的蛤蟆在看热闹。

竞赛开始了，只听到围观者一片嘘声：“太难为它们了！这些蛤蟆无法达到目的，无法达到目的。”蛤蟆们开始泄气了。可是还有一些蛤蟆在奋力摸索着向上爬去。

围观的蛤蟆继续喊着：“太艰苦了！你们不可能到达塔顶的！”其他的蛤蟆都被说服停下来了，只有一只蛤蟆一如既往地继续向前，并且更加努力地向前。

比赛结束，其他蛤蟆都半途而废，只有那只蛤蟆以令人不解的毅力一直坚持了下来，竭尽全力到达了终点。

其他的蛤蟆都很好奇，想知道为什么它就能够做到！

大家惊讶地发现——它是一只聋蛤蟆！

随人俯仰，没有主见会让自己迷失。有时候，我们很在乎别人的看法，被别人的看法所左右。可是，你是要成功还是要听别人的话？如果有人说，你无法实现你的梦想，那你就当听不到吧！

美丽是模仿不来的

为了变得美丽而一味模仿别人，只能使自己变得更加丑陋。

春秋时期，越国有一位美女名叫西施。她的美貌简直到了倾国倾城的程度。无论是她的举手投足，还是她的音容笑貌，样样都惹人喜爱。西施略施淡妆，衣着朴素，走到哪里，哪里就有很多人向她行“注目礼”，没有人不惊叹她的美貌。

西施患有心口疼的毛病。有一天，她的病又犯了，只见她手捂胸口，双眉皱起，流露出一种娇媚柔弱的女性美。当她从乡间走过的时候，乡里人无不睁大眼睛注视着她。

乡下有一个丑女子，名叫东施，不仅相貌难看，而且没什么修养。她平时动作粗俗，说话大声大气，却一天到晚做着当美女的梦。今天穿这样的衣服，明天梳那样的发式，却没有一个人说她漂亮。

这一天，她看到西施捂着胸口、皱着双眉的样子竟博得这么多人的青睐，因此回去以后，她也学着西施的样子，手捂胸口、紧皱眉头、在村里走来走去。哪知这丑女的矫揉造作使她原本就丑陋的样子更难看了。结果，乡间的富人看见丑女的怪模样，马上把门紧紧关上；乡间的穷人看见丑女走过来，马上拉着妻子、带着孩子远远地躲开。人们见了这个怪模怪样、模仿西施心口疼、在村里走来走去的丑女人，简直像见了瘟神一般。

这个丑女人只知道西施皱眉的样子很美，却不知道她为什么很美，只去简单模仿她的样子结果反被人讥笑。

活给别人看是一种畸形心理，也是人性的劣性体现。为了变得漂亮而盲目地模仿别人的外在表现，只能使自己越来越丑而引来别人的嘲笑。你就是你自己，永远都不会成为别人，因而要做一个真正的自己，就要保持你独有的个性。不要在模仿别人的途中迷失自己。

不要妄图以一己调众口

希望能得到所有人的赞赏，这本身就是一个痴心妄想，更不用说让妄想持有者心满意足。

有位青年画家想努力提高自己的画技，画出人人喜爱的画，为此他想出了一个办法。

他把自己认为最满意的一幅作品的复制品拿到市场上，旁边放上一支笔，请观众们把不足之处给指点出来。

集市上人来人往，画家的态度又十分诚恳，许多人就真诚地发表自己的意见。到晚上回来，画家发现，画面上所有的地方都标上了指责的记号。也就是说，这幅画简直一无是处。

这个结果对年轻画家的打击太大了，他萎靡不振，开始怀疑自己到底有没有绘画的才能。他的老师见他前不久还雄心万丈，此时却如此情绪消沉，不明就里，待问清原委后哈哈大笑，叫他不必就此下结论，换一个方法再试试看。

第二天，画家把同一幅画的又一个复制品拿到集市上，旁边放上了一支笔。所不同的是，这次是让大家把觉得精彩的地方给指出来。到晚上回来，画面上所有地方同样密密麻麻地写满了各种记号。

“哦！”画家不无感慨地说道，“我现在发现一个奥妙，那就是：我们不管干什么，只要能使一部分人满意就够了。因为，在有些人看来是丑的东西，在另一些人眼里却是美的。”

青年画家从此大彻大悟，后来在画坛上也有了一番成就。

我们都有一种想法，希望我们能够满足所有人的需求，所有的人都能够喜欢我们。然而，一些在我们心中视若珍宝的事物，没准在他人眼中弃之唯恐不及。试图希望自己的言行能让所有人认可，这有点疯狂得不近乎情理。我们即使竭尽所能也不可能让每个人都喜欢，能够让最重要的那部分人满意就够了。

人比人会气死人

人就是这么无奈，总认为别人比自己过得好，殊不知那个人正在对你的生活艳羡不已呢。

上帝在天庭里闲得无聊，突然想到了一个好玩的主意：“如果让世界上的万物再选择一次，他（它）们想要做什么呢？”于是，他把这个问题交给天使去办，而天使最后带回来的答案确实让上帝大吃了一惊。

猫："假如让我再活一次，我要做一只鼠。我偷吃主人一条鱼，会被主人打个半死。而老鼠呢，可以在厨房翻箱倒柜，大吃大喝，人们对它却无可奈何。"

鼠："假如让我再活一次，我要做一只猫。吃皇粮，拿官饷，从生到死由主人供养，时不时还有我们的同类给它送鱼送虾，很自在。"

猪："假如让我再活一次，我要当一头牛。生活虽然苦点儿，但名声好。我们似乎是傻瓜懒蛋的象征，连骂人也都要说蠢猪。"

牛："假如让我再活一次，我愿做一头猪。我吃的是草，挤的是奶，干的是力气活，有谁给我评过功，发过奖？做猪多快活，吃罢睡，睡罢吃，肥头大耳，生活赛过神仙。"

鹰："假如让我再活一次，我愿做一只鸡，渴有水，饿有米，住有房，还受主人保护。我们呢，一年四季漂泊在外，风吹雨淋，还要时刻提防冷枪暗箭，活得多累呀！"

鸡："假如让我再活一次，我愿做一只鹰，可以翱翔天空，任意捕兔捉鸡；而我们除了生蛋、司晨外，每天还胆战心惊，怕被捉被宰，惶惶不可终日。"

最让上帝觉得不可思议的是人的回答。

男人说："假如让我再活一次，我要做一个女人，可以撒娇邀宠、可以当公主、可以当妃子、可以当太太……最重要的是可以支配男人，让天下所有的男人都拜倒在我的石榴裙下。"

不少女人的答卷一律填写："假如让我再活一次，一定要做个男人，可以蛮横、可以冒险、可以当皇帝、可以当王子、可以当老爷、可以当父亲……最重要的是可以驱使女人。"

上帝看完，大失所望："这些家伙只知道盲目攀比，太不知足了！哎，还是一切照旧吧！"

现实生活中，许多人都习惯于把自己和别人相比：与邻居比，与朋友比，与亲戚比，甚至与兄弟、姐妹、爱人比。越比越不平衡，越不平衡越生气，"人比人会气死人"就是这种攀比人性的真实写照。人应该学会知足，知足是幸福和快乐的源泉。

勿在攀比中忘掉自己

依附于他人而存在的人常常在相互攀比中忘掉自己附庸的身份。

从前，每逢新春佳节到来，人们都要在自家的门两旁贴上桃符，写上一些吉祥喜庆的话，为的是祈祷新的一年人丁兴旺，五谷丰登，做什么事都有好兆头。这些桃符一般都要贴到下一个新年才换掉。

到了端午节，各家各户又用艾草扎成一个人的形状挂在门框上方，利用艾草的气味来驱除蚊蝇害虫，消除毒气瘴气。

有一天，门边的桃符一抬头，看见门框上用艾草扎成的小人挂在那里，便十分生气，于是对艾草骂道："你是什么东西，竟敢站在我的上面？”

艾草弯腰看了看已经破旧褪色的桃符，不服气地说：“你都已经半截身子埋进土里去了，还有什么脸来跟我争上位下位，你生来就只配在我的下面！”

桃符见小艾草人这么傲慢，更生气了，便又说：“我起码是出自文人之手，和笔墨香味有联系，我的出身高雅。而你，来自田边野地的一把蒿草，用几截破绳一缠，配挂在我的上边么？自己也不瞧瞧自己是副什么模样！”

艾草人一点儿也不示弱，冷笑着说：“管你高雅不高雅，瞧你风烛残年，主人早将你忘了，眼下注重的却是我……”

就这样，桃符和艾草你一句我一句，彼此争辩不休，他们吵闹的声音越来越大，以至于惊动了门神。门神出来劝解正在争论的桃符和艾草人，他说：“两位兄弟，我看还是不要再争吵了吧。我们这等人，本来就没什么大本事，现在只不过是依附在人家的门户上才得以安身混日子，还怎么好意思去争什么高低上下呢？”

一番话，说得桃符和艾草人都惭愧地低下了头。

越是没有真本事的人，就越爱自以为是、互相攀比，其实这种人是最可悲的。本来就没什么大本事，也没什么才干的人，往往看不见自己的短处，却偏偏还要互相攀比争待遇，实在是可笑得很。他们往往要依附他人而存在，去常常在相互攀比中忘掉了自己附庸的可怜身份。

亮丑未必就丢丑

勇敢而坦诚地在别人面前“亮丑”，有时反而会取得意想不到的结果。

美国有一家饭店，一直默默无闻，生意萧条。一次，饭店老板灵机一动，在旅游旺季，在自家门前挂起了一个牌子，赫然几个大字：“全国最差的饭店”。这样一来，顾客不仅不讨厌这家饭店，反而纷纷前来吃饭，要见识见识全国最差饭店的食物究竟差到什么程度。一吃饭菜，才知这家饭店做的饭菜无论色、香、味都是一流的。这一下，名声传开了，饭店生意越做越大。

饭店老板之所以将最差饭店的牌子挂起来，无疑是想让人注意到这家饭店。此举确实惊人，但光凭这一举还不够，饭店的素质水平也要高，这样才能保持住饭店的名声，并且使之名声远播。

瑞士一家钟表店由于手表大量积压，资金周转不灵，前景堪忧。表店老板心生一计，贴出一张广告：本店现存一批手表，走时不太精确，24小时慢24秒，望君三思而择。广告贴出不久，这家钟表店却门庭若市，生意异常兴隆。积压的手表一销而空，店主眉头上的“锁”也打开了。公开了手表的缺陷反而销出了库存货，这里的关键恐怕还是一个“诚”字吧！“诚”字在经营中如此重要，难怪中国的生意人大都要在自己店铺的门面上挂出“童叟无欺”的牌子。

人就是这么奇妙，他有时不能容忍你的美中出现瑕疵，但却可以接纳你完全的丑。如果你声称自己的服务质量是一流的，稍有差池就会引来一片诘难；可如果你把自己的缺陷告诉众人，哪怕这种缺陷是人们所料不及的，也会坦然接受了。由此，真诚亮丑也成了人们讨巧的一个方法。

不要总想取悦他人

与其思考该怎样取悦他人，不如坦然接受现实中的自己。

莫尼卡·狄更斯二十几岁时虽然已是有作品出版的作家，可是仍然举止笨拙，常感自卑。她有点儿胖，不过并不算肥，但那已足以使她觉得衣服穿在别人身上总是比较好看。她在赴宴会之前要打扮好几小时，可是一走进宴会厅就会感到自己一团糟，总觉得人人都在对她评头论足，在心里耻笑她。

有个晚上，莫尼卡忐忑不安地去赴一个不大认识的人的宴会，在门外碰见另一位年轻女士。“你也是要进去的吗？”

“大概是吧，”她扮了个鬼脸，“我一直在附近徘徊，想鼓起勇气进去，可是我很害怕。我总是这样子的。”

“为什么？”莫尼卡在灯光照映的门阶上看看她，觉得她很好看，比自己好得多。“我也害怕得很。”莫尼卡坦言，她们都笑了，不再那么紧张。她们走向前面人声嘈杂、情况不可预知的地方，莫尼卡的保护心理油然而生。

“你没事吧？”她悄悄问道。

这是她生平第一次心不在自己而在另一个人身上。这对她自己也有帮助，她们开始和别人谈话，莫尼卡开始觉得自己是这群人中的一员，不再是个局外人。

穿上大衣回家时，莫尼卡和她的新朋友谈起各自的感受。

“觉得怎么样？”

“我觉得比先前好。”莫尼卡说。

“我也如此，因为我们并不孤独。”

莫尼卡想：这句话说得真对！我以前觉得孤立，认为世界其余的人都自信十足，可是如今遇到了一个和我同样自卑的人。迄今为止，我因为让不安全感吞噬了，根本不会去想别的，现在我得到了另一启示：会不会有很多人看来意兴高昂、谈笑风生，但实际上心中也忐忑不安？

莫尼卡偶尔投稿的那家本地报馆有位编辑总是粗鲁无礼，问他问题，他只是用一字答复，莫尼卡觉得他的目光永远不和自己的目光接触，她总觉得他不喜欢自己。现在，莫尼卡怀疑会不会是他怕自己不喜欢他？

第二天去报馆时，莫尼卡深吸一口气，对那位编辑说："你好，安德森先生，见到你真高兴！"

莫尼卡微笑抬头。以前，她习惯一面把稿子丢在他桌上，一面低声说道："我想你不会喜欢它。"这一次莫尼卡改口道："我真希望你喜欢这篇稿子，大家都写得不好的时候，你的工作一定非常吃力。"

"的确吃力。"那位编辑叹了口气。莫尼卡没有像往常那样匆匆离去，她坐了下来，他们互相看着。莫尼卡发现他不是个咄咄逼人的特别编辑，而是个头发半秃、其貌不扬、头大肩窄的男人，办公桌上摆着他妻儿的照片。莫尼卡问起他们，那位编辑露出了微笑，严峻而带点悲伤的嘴变得柔和起来。莫尼卡感到他们二人都觉得自在了。

后来，莫尼卡的写作生涯因战争而中断。她去接受护士专业训练，再次因感觉到医院里的人个个称职，唯自己不然而心中生畏，她觉得自己手脚笨拙，学得慢，穿上护士服看起来仍全无是处，引来许多病人抱怨。"怎么让她到这儿来？"莫尼卡猜他们一定会这样想。

工作繁忙加上疲劳，使莫尼卡不再胡思乱想，也不再继续发胖。她开始感觉到与大家打成一片的喜悦，她是团队的一分子，大家需要她。她看到别人忍受痛苦，遭遇不幸，觉得他们的生命比自己的还重要。

“你做得不坏。”护士长有一天对莫尼卡说。莫尼卡暗喜：她原来在称赞我！他们认为我一切没问题。莫尼卡忽然惊觉几星期来根本没有时间为自己是否称职而发愁担忧。

取悦他人是人们的普遍心理，同时又是人们不自信的一种表现。不要过分关心别人的想法。你过分关心“别人的想法”时，你太小心翼翼地想取悦他人时，你对别人是否真正欢迎你而过分敏感时，你就会有过度的否定反馈、压抑以及不良的表现。最重要的是，看看自己能够做些什么有意义的事情。

自由和约束是相对的

绝对的自由是不存在的，任何时候都不会脱离生活的约束。

有一个人，他追求完全自由自在的生活，他讨厌生活对他的任何束缚。他讨厌理发师对他的摆弄，因而拒绝理发，一任头发胡须自由地疯长。他讨厌洗澡时受水的冲刷和毛巾的搓擦，因而拒绝洗澡，一任污垢满身，虱子乱爬。他讨厌鞋子、袜子对他的约束，因而拒绝穿袜。他讨厌身上衣服对他的束缚，因而把上衣脱下扔了，光着上身。

现在，他只剩下腰中皮带和下身裤子的束缚了。

他对皮带说："你给我滚开吧！你干吗总是这么紧紧约束着我？"

"可是，假如你失去我这唯一的约束，你就可能完全失去你的人格。"皮带说。

"胡说！你给我滚开吧！"他找来一把剪刀，剪断了皮带。

皮带断了，裤子当然滑落了。他喜不自胜——为解脱了全身的任何约束而高兴。当然，没有多久，人们就把他当作精神病人关进了病房。他被彻底地约束了。

世间有些人总是抱怨身受的约束太多，渴望自由自在的生活。然而，世间并不存在绝对的自由，任何时候都要受到生活的约束。为了追求自由而达到疯狂的状态，反而会被彻底地约束，不能不称之为一种可悲。

不要让外物左右你的心态

当你越在意一件事情的时候，往往你会把这件事做得越糟糕。

一个人很爱下棋，常与街坊四邻用瓦盆做赌注博弈。他的棋艺不错，所以总能赢得很多瓦盆。一个财主知道了，要他拿黄金做赌注和一些达官贵人们博弈，但结果却出乎人的意料，他大败而归。财主很生气，问他为何输多赢少，他说："并非达官贵人棋艺精湛，实际上他们还不如我的邻居们一半的棋艺。问题的根源在于赌注是黄金而不是瓦盆。”

我们都会很在意生活中的一些人、一些事，这些人和事总会影响我们的心态，使我们不能以平常心去面对。如果做事过度用力或意念过于集中，平素可以轻松完成的事情却可能被弄糟。比如说，太想写好字时手总在颤抖，太想踢进球时脚总不听使唤，太想尽快打印出文件时总出错误，太想向老板汇报完工作时总紧张地说不出话，太想在短时间里找到一份非常满意的工作时总是决策失误。不要太在意得失，才能有一种平和的心态。

第九章

你的态度决定你的价值

NI DE TAIDU
JUEDING
NI DE JIAZHI

无足轻重还是举足轻重

当一个人感到自己已经无足轻重时，他也就找不到生存的意义了。

在某一城市一家医院的同一间病房里，住着两位相同的绝症患者。不同的是，一个来自乡下农村，一个就生活在医院所在的城市。

生活在医院所在城市的病人，每天都有亲朋好友和同事前来探望。家人前来时宽慰说：家里你就放心吧，还有我们呢，你就安心养病吧。朋友探望时劝慰说：现在你什么也别想，就一门心思养病就行。公司来人时开导说：你放心，公司里的事，我们都替你安排好了，你现在的工作就是养病……

来自乡下农村的患者，只有一位十四五岁的小女孩守护着。他的妻子半个月才能来一次。或送钱，或送些衣物。妻子每次来，总是不停地说这说那，要丈夫为家里的事情拿主意：快要春种了，今年是种“西瓜”还是“茄子”？再过两天，他大叔就要嫁女了，你说送多少贺礼啊？女儿说要跟她表姐去大城市打工，我还没答应，这事要你拿主意……

几个月后，情况发生了戏剧性的变化。

生活在医院所在城市的那位病人，在亲人、朋友、同事一声声“你放心吧”“你就安心养病吧”的宽慰声里，感觉到他们已不需要自己，自己也就失去了活着的价值意义，渐渐地失去了战胜病魔的信心和勇气，于是在孤独寂寞与病魔的吞噬中一点点地死去了。

来自乡下农村的患者，在妻子大事小事都要自己定夺、拿主意中，感觉到自己对家人的不可或缺，自己对家人的重要，意识到自己必须活着，哪怕仅仅是给家人拿些主意，于是一种强烈的求生欲望使他奇迹般地活了下来。

每个人都渴望被别人重视，被别人需要。如果有一天，一个人发现自己对于别人已经不再重要，别人不再听取自己的意见，那时就会感到生活没有了意义和方向。别人对他的依赖从某种程度上变成了对他的心灵反哺。

求人不如求己

遇到困难时，求助别人不如求助自己。

佛教徒山羊走进庙里祈祷。当它跪在观音像前叩拜时，发现自己身边也有一个人跪在那里，正在虔诚地祈祷，那个人长得和观音一模一样。

佛教徒山羊忍不住问道："你怎么这么像观音菩萨呢？"

"我就是观音。"那个人说。

"既然你自己是观音，那你为什么还要求拜自己呢？"

"因为我也有烦恼，也有难以解决的问题。"观音笑道，"然而我知道，求人不如求己。”

当我们遇到困境时，总是习惯于先求助别人，却没想到去挖掘自身的潜力，从自己身上找出路。要知道，只有自己才是命运的真正主人，当你把命运掌握在自己手中时，就有力量和勇气去战胜所面临的困境。

每一棵小草都会开花

每一棵小草都会开花，每一个人都会演绎出自己的精彩。

春天，小草刚被融雪洗出它们嫩嫩的芽尖时，老师告诉乡下的同学们，学校准备组织他们到百里外的县城去参加作文竞赛。

孩子们一听又兴奋又担忧，兴奋的是他们能够坐上大汽车去县城里看看，担忧的是，他们这群山里的孩子，作文能赛过城里的学生吗？

头发花白的老校长看出了孩子们的忧虑，他说：“你们常常上山下田，谁能说出一种不会开花的草？”

孩子们想来想去，把每一种草都想遍了，可是谁也没有想出乡间有哪一种草是不会开花的。

蒲公英的花朵金黄金黄的，秋天时结满了降落伞似的小绒球。狗尾草狗尾巴似的绿穗穗就是它的花朵。就连那些麦田里的荠荠草也是会开花的，它的花洁白洁白的，只有米粒那么大，像早晨被太阳镀亮的一颗颗晶莹的露珠。

老校长的话实在耐人寻味。是啊！每一种草都是一种花，栽在精美花盆里的花都是一种草，而生长在田地边和山野里的草也是一种花啊。

在比自己条件好的人面前，人们容易陷入自轻自贱的陷阱。而一旦落入这个陷阱，便难以再次树立自信，而落入一个恶性循环。但是，每一棵小草都会开出美丽的花朵，每一个人都会演绎出一段精彩的人生。

只有我们积极地把握自己的命运，相信自己可以做得很好，才会成就美好的人生。

别一条道走到黑

只按照一条路线行进，而不会“绕道而行”，最后只能搞得筋疲力尽、劳累不堪。

有两只蚂蚁想翻越一段墙，寻找墙那头的食物。

一只蚂蚁来到墙脚就毫不犹豫地向上爬去，可是每当它爬到大半时，就会由于劳累和疲倦而跌落下来。

可是它不气馁，一次次跌下来，又迅速地调整一下自己，重新开始向上爬去。

而另一只蚂蚁则是先观察了一下周围环境，然后从不远处的地方绕过墙去。很快地，这只蚂蚁绕过墙来到食物前，开始享受起来，而另外一只还在不停地跌落下去又重新开始。

生活中有很多人，“坚持不懈、勇往直前”的理念深深地印入了他们的内心，即使失败了也会给自己找一个冠冕堂皇的说法：屡战屡败、屡败屡战。

实际上，他这种自欺欺人的说法就是自己不善于变通、不勤于寻找另外一条道路的借口和托词。内心的顽固最终将导致他的道路越走越黑。

自信成就自我

不自信会扼杀自己的才能，只有自信才能成就自我。

一个小女孩因为长得又矮又瘦被老师排除在合唱团外。小女孩躲在公园里伤心地流泪。她想：我为什么不能去唱歌呢？难道我真的唱得很难听？

想着想着，小女孩就低声地唱了起来，她唱了一支又一支，直到唱累了为止。

“唱得真好！”这时，一个声音响起来，“谢谢你，小姑娘，你让我度过了一个愉快的下午。”

小女孩惊呆了！

说话的是一个老人。他说完后站起来走了。

第二天小女孩再去时，那老人还坐在原来的位置上，满脸慈祥地看着她微笑。

小女孩于是唱起来，老人聚精会神地听着，一副陶醉其中的表情。他大声喝彩，说：“谢谢你，小姑娘，你唱得太棒了！”老人说完就走了。小女孩从此充满了自信。

这样过去了许多年，小女孩成了大女孩，也成了小城有名的歌手。但她忘不了公园靠椅上那个慈祥的孤独的老人。后来才知道，老人早就死了。

“他失聪了。”一个知情人告诉她。

每个人都有自身独具的天赋，但很少能传承于生命旅程，因为不自信。

因为不自信，常常扼杀自己的才能；因为不自信，常常熄灭希望之烛。自信是成功的邮差，其中的艰难险阻正是你自己的心灵。

专注于一个目标

只有专注于一个目标，才能聚集更大的力量前进。

有一位父亲带着三个孩子，到沙漠去猎杀骆驼。他们到达了目的地。

父亲问老大：“你看到了什么？”

老大回答：“我看到了猎枪、骆驼，还有一望无际的沙漠。”

父亲摇摇头说：“不对。”

父亲以同样的问题问老二。

老二回答说：“我看到了爸爸、大哥、弟弟、猎枪，还有沙漠。”

父亲又摇摇头说：“不对。”

父亲又以同样的问题问老三。

老三回答：“我只看到了骆驼。”

父亲高兴地说：“答对了。”

朝三暮四是一种劣质。我们常常在做事情之前不能为自己设立唯一的明确目标，眼中满是诱人的目标，前进中也就有了很多的行动方向，常常在选择的岔路口不知所措。一会想做这个，还没做完又想起了那个，结果总在许多件事情之间徘徊，任何一件事都没能完满完成。如果在做事之初眼中就只能看到一个目标，就能够在最短的时间内积聚最大的力量，向着一个明确的方向前进。

人生的秘诀是不怕不悔

一个人前半生的秘诀是“不要怕”，后半生的秘诀就是“不要悔”。

三十年前，一个年轻人离开故乡，开始开创自己的前途。他动身的第一站，是去拜访本族的族长，请求指点。老族长正在练字，他听说本族有位后辈开始踏上人生的旅途，就写了三个字：不要怕。然后抬起头来，望着年轻人说：“孩子，人生的秘诀只有六个字，今天，先告诉你三个，供你半生受用。”

30年后，这个从前的年轻人已是人到中年，有了一些成就，也添了很多伤心事。归程漫漫，到了家乡，他又去拜访那位族长。他到了族长家里，才知道老人家几年前已经去世，家人取出一个密封的信封对他说：“这是族长生前留给你的，他说有一天你会再来。”

还乡的游子这才想起来，三十年前他在这里听到人生的一半秘诀，拆开信封，里面赫然又是三个大字：不要悔。

做事之前畏缩不前，做事之后后悔不迭，这已经成了人们的通病，也成了人们攀登成功高峰的障碍。这种人一生都生活在矛盾与痛苦之中，他不能为自己的生活制定明确的方向，不能在人生的道路上给自己充足的自信，自然也就不能在步入暮年之时坦然地面对自己的一生。

与其逃避别人，不如改变自己

如果自身存在缺点而不去改变，即使换到另外一个地方，同样会让人讨厌的。

乌鸦急促而忙碌地在搬家。鸽子疑惑不解地问：“这树林不是你的老家吗？你干吗还要再迁徙搬家呢？”乌鸦叹着气说：“在这个树林里，我实在住不下去了，这里的人都讨厌我的叫声。”

鸽子带着同情的口气说：“你唱歌的声音实在聒噪，令人不敢恭维，所以大家都把你当作讨厌的人物。其实，你只要把声音改

变一下，或者闭上嘴巴不要唱歌，在这林子里，你还是可以住下来的。如果你不改变自己的叫声，即使搬到另外一个地方，那里的人还是照样会讨厌你的。”

在生活中，常有人抱怨说环境或周围的人对自己不好，所以就想借着换个工作环境，或结交新的朋友来改变自己尴尬的境遇，但是他们却很少反省：自己人际关系的不顺畅或职场的不如意，究竟是自己的因素还是别人的因素所造成的？

如果原因是出自本身的话，唯有改变自己，才能让问题迎刃而解。否则，不断地转换工作或认识新朋友只能是浪费生命，对问题的解决没有丝毫裨益。

就做你自己

你就是你自己，永远都不会成为别人，因而要做一个真正的自己，就要保持你独有的个性。

一群站在树枝上的麻雀对其中一只说："我们全都是迎风站立，只有你跟我们站得相反。"

"我就是喜欢这样，我碍着你们了吗？"那只麻雀不服地说。

"你破坏了团体精神，是一个不合群的人。"

所有的麻雀一致地谴责它，但是这只麻雀仍一意孤行。他们依然迎风站立，只有这只麻雀继续站在相反的方向。

这时一只大花猫潜行到树丛后面，由于大家都是向着迎风面，没有察觉到花猫的出现。

当花猫准备一跃而出时，那只站立方向和别人不一样的麻雀及时看见，大叫道："猫来了！快逃！"其他的麻雀立刻闻声飞走，这只特立独行的麻雀救了大家。

现实之中，正确的意见有时掌握在少数人手中。当你成为这样的少数人时，你要懂得坚持。唯有坚持，才能使个性保持棱角。

生活中许多人极力推崇"统一"，服装要统一，发式要统一，言语要统一，行为要统一，思想要统一。在这种模式的约束下，你就会慢慢变得没有了个性，稍有不同便被认为是另类。然而，你就是你自己，永远都不会成为别人，做真正的自己，就要保持你独有的个性。

先让自己成为珍珠

沙子与珍珠的最大区别就是沙子落下便无法再被拾起，而珍珠无论在哪里都是明亮耀眼的，沙子与珍珠，要做哪一个，全在乎你自己。

有一个自以为是的年轻人毕业以后一直找不到理想的工作，他觉得自己怀才不遇，对社会感到非常失望。痛苦绝望之下，他来到大海边，打算就此结束自己的生命。

这时，正好有一个老人从这里走过。老人问他为什么要走绝路，他说自己不能得到社会的承认，没有人欣赏并且重用他。

老人从脚下的沙滩上捡起一粒沙子，让年轻人看了看，然后就随便地扔在地上，对年轻人说："请你把我刚才扔在地上的那粒沙子捡起来。"

"这根本不可能！"年轻人说。

老人没有说话，接着又从自己的口袋里掏出一颗晶莹剔透的珍珠，也是随便扔在了地上，然后对年轻人说："你能不能把这个珍珠捡起来呢？"

"当然可以！"

听到年轻人的回答，老人点点头，转身走了。因为他相信这个年轻人虽然拾不起那粒沙子，但会收起自杀的念头。

在困难面前，人们很少检讨自己的行为，而是总在抱怨"千里马常有，而伯乐不常有"，总会认为自己是有才而无用武之地，却很少问一问自己，自己是一颗沙子还是一颗珍珠。沙子总会被淹没，而珍珠无论在哪里都会光彩耀人。有的时候，你必须知道你自己是一颗普通的沙粒，而不是价值连城的珍珠，若要使自己卓然出众，那你就要努力使自己成为一颗珍珠。

不要满足于现状

满足于现状会让你的脚步停滞不前。

严冬过后的第一个春暖之日，雄鹰便翱翔于天空。经过一个山区时，它看到了一只鸡妈妈正领着自己的孩子们悠闲地晒太阳，于是飞了过去，落在最近的一个枝头上，问道：

“鸡妈妈，你也有翅膀，为什么不能像你的祖先一样在天上飞呢？天上很快乐！”

“哦！谢谢你！”鸡妈妈转身看着自己的孩子们，对老鹰说，“你看，我有这么多的孩子需要看护，我没时间呀！等它们长大了让它们飞吧。唉！我这辈子是没指望了！”

老鹰只好飞走了。

第二年的春天，老鹰再次飞过山区时，又发现了一只大花鸡带领着她的孩子们在散步，那只大花鸡就是去年老鹰见到的鸡妈妈的一个女儿，现在她长大了，更健壮，更丰满！

老鹰飞到她的身边问道：

“大花鸡，你也有翅膀，为什么不能像你的祖先一样在天上飞呢？天上很快乐！”

“谢谢你！”大花鸡答道，“你看，我已经老了，飞不动了，还是等我的孩子们长大以后让它们飞吧！唉！我这辈子是没指望了！”

老鹰只好飞走了。

第三年，老鹰经过山区时，依旧看见一只鸡妈妈带领自己的孩子在山坡上觅食，但它这次没有下去劝她。

上帝给了鸡和雄鹰同样的翅膀，让它们享受天空。然而，鸡只知就近觅食，目光仅仅满足于眼前的地面，将搏击长空的美丽翅膀退化为一种装饰物。世界上有很多人一辈子一事无成，原因就是因为他们太容易满足了！找到了一份稳定的工作便不再学习，不再进取，永远停留在了最初的位置。

顾影自怜最可怜

顾影自怜的人为了满足卖弄的目的，往往成为他人取笑的对象，自己却还不了解自己可怜的境地。

山鸡天生美丽，浑身都披着五颜六色的羽毛，在阳光的照耀下熠熠生辉、鲜艳夺目，叫人赞叹不已。山鸡也很为这身华羽而自豪，非常爱惜自己的美丽。它在山间散步的时候，只要来到水边，瞧见水中自己的影子，它就会翩翩起舞，一边跳舞一边骄傲地欣赏水中倒映出的自己那绝世无双的舞姿。

曹操携天子以令诸侯的时候，有人从南方献给他一只山鸡。曹操十分高兴，召来了有名的乐工，为他奏起动听的曲子，好让山鸡跳舞歌唱。乐工卖力地又吹又打，可是山鸡却一点都不买账，充耳不闻，既不唱也不跳。曹操的手下人拿来美味的食物放在山鸡面前，山鸡连看都不看，无精打采地耷拉着脑袋走来走去。就这样，任凭大家想尽了办法，使尽了手段，始终都没办法逗得山鸡起舞。

曹操非常扫兴，气恼不已，斥责手下人说："你们这么多人，连一只山鸡都对付不了，还怎么做大事！"

曹操有一位十分钟爱的小儿子，名叫曹冲。曹冲自幼聪明伶俐，又博览群书、见识渊博。这时候，他动了动脑子，有了主意，于是就走上前对曹操说：

"父王，儿臣听说山鸡一向为自己的羽毛感到骄傲，一见到水中有自己的倒影，就会跳起舞来欣赏自己的美丽。何不叫人搬一面大镜子来放在山鸡面前，这样山鸡顾影自怜，就会自动跳起舞来了。"

曹操听了拍手称妙，马上叫人将宫中最大的镜子抬过来，放在山鸡面前。

山鸡慢悠悠地踱到镜子跟前，一眼看到了自己无与伦比的丽影，比在水中看到的还要清晰得多。它先是拍打着翅膀冲着镜子里的自己激动地鸣叫了半天，然后就扭动身体，舒展步伐，翩翩起舞了。

山鸡迷人的舞姿让曹操看得呆了，连连击掌，赞叹不已，也忘了叫人把镜子抬走。

可怜的山鸡，对影自赏，不知疲倦，无休无止地在镜子前拼命地又唱又跳。最后，它终于耗尽了最后一点力气，倒在地上死去了。

顾影自怜是强烈的虚荣心的体现。顾影自怜者认为自己的美貌无与伦比，却常常在显示自己的容貌时成为他人的取笑对象，而自己还不自知，这是多么可怜有可悲的事情。虚荣心不会给我们带来荣耀，只会侵蚀我们的理智，并会让我们为此而付出惨重的代价。

不以物喜，不以己悲

生活中蕴藏着许多机遇，如果你不是一个有心人，许多好的机遇会与你擦肩而过，而也许其中的一个就足以改变你的一生。

汉朝时期，中原的几百人奉命出使西域。在漫长的路途中，使者们屡遭抢劫，随身携带的货物财宝几乎被洗劫一空。

一天晚上，他们来到了大漠上，正准备安营扎寨休息的时候，忽然被一束耀眼的光芒所笼罩。他们知道神就要出现了。因此，他们满怀殷切地期盼，恭候着来自上苍的重要旨意。

最后，神终于说话了：“你们要沿路多捡一些鹅卵石，把他们放在你们的马鞑子里。明天晚上，你们会非常快乐，但也会非常懊悔。”

说完，神就消失了。使者们感到非常失望，因为他们原本期盼神能够给他们带来财富和平安，但没想到神却吩咐他们去做这件毫无意义的事。但是不管怎样，那毕竟是神的旨意，他们虽然有些不满，但是仍旧各自捡拾了一些鹅卵石，放在他们的马褡子里。

就这样，他们又走了一天，当夜幕降临，他们开始安营扎寨时，忽然发现他们昨天放进马褡子里的每一颗鹅卵石竟然都变成了钻石。

他们高兴极了，同时也懊悔极了，后悔没有捡拾更多的鹅卵石。

这里应该指出，神是不存在的，鹅卵石也不会变成钻石。这则寓言意在说明，人性是复杂的，在获得的同时总会懊悔，不满足于自己已经得到的一切，在失去的同时才知道去珍惜已经失去的东西，于是就会后悔。就比如说机遇，机遇的外表往往不被人们注意，要你获得时才能慢慢发现它的巨大效果。也许曾有许多机遇经过你身边，但你因为太忙，便不加注意地让它溜走了。

顺其自然把握机缘

随不是跟随，是顺其自然，不怨恨、不躁进、不过度、不强求。随不是随便，是把握机缘，不悲观、不刻板、不慌乱、不忘形。

三伏天，禅院的草地枯黄了一大片。“快撒点草种子吧！好难看哪！”小和尚说。

师父挥挥手：“随时！”

中秋，师父买了一包草籽，叫小和尚去播种。

秋风起，草籽边撒边飘。“不好了！好多种子都被吹飞了。”小和尚喊。

“没关系，吹走的多半是空的，撒下去也发不了芽。”师父说：“随性！”

撒完种子，跟着就飞来几只小鸟啄食。“要命了！种子都被鸟吃了！”小和尚急得跳脚。

“没关系！种子多，吃不完！”师父说：“随遇！”

半夜一阵骤雨，小和尚早晨冲进禅房：“师父！这下真完了！好多草籽被雨冲走了！”

“冲到哪儿，就在哪儿发芽！”师父说，“随缘！”

一个星期过去了。原本光秃的地面，居然长出许多青翠的草苗。一些原来没播种的角落，也泛出了绿意。

小和尚高兴得直拍手。

师父点头：“随喜！”

不要幻想生活总是那么圆圆满满，也不要幻想在生活的四季中享受所有的春天，每个人的一生都注定要跋涉沟沟坎坎，品尝苦涩与无奈，经历挫折与失意。

做最好的就要沉得住气

心浮气躁难成大事，要做最好的就要沉得住气。

奥比太太在她的屋子后面种了一大片玉米。经过几个月的辛勤劳作，眼看就到了收获的季节。

一个籽粒饱满、裹着几层绿色外衣的玉米说道："收获那天，主人肯定先摘我，因为我是今年长得最好的玉米。"周围的玉米听了，也都随声附和地称赞着。

收获开始了，奥比太太虽然看了看那个最好的玉米，但并没有把它摘走。

"她眼力可能不太好，没注意到我，明天，明天，她一定会把我摘走的！"那个最好的玉米自我安慰着。

第二天，奥比太太又哼着欢快的歌儿收走了其他的玉米，可唯独没有摘这个最好的玉米。"明天老婆婆一定会把我摘走的！"最好的玉米仍然自我安慰着。

第三天，第四天，从这以后的好多天，奥比太太再也没有来过，最好的玉米被摘走的希望越来越渺茫了。

直到一个漆黑的雨夜，最好的玉米才突然感悟到："我总以为自己是今年最好的玉米，但现在连奥比太太都不要我了。白天，我顶着烈日，原来饱满而又排列整齐的颗粒变得干瘪坚硬，整个身体像要炸裂一般。夜晚，我又要和风雨作斗争。也许她真的不需要我，也许我真的不是最好的！"

不知不觉，黑夜就过去了，清晨柔和的阳光照在玉米的脸上，它抬起头来，睁开眼睛的时候，一下就看到了站在自己面前的奥比太太。

奥比太太用一种柔和的目光看着它，轻声说道：“这可是今年最好的玉米，它的种子明年一定比它今年长得还要好哟！”

这时，最好的玉米才明白奥比太太不摘走它的原因。正当它想着的时候，这个获此殊荣的玉米被奥比太太轻轻地摘了下来……

被别人承认的欲望总在人心底蠢蠢欲动。在向众人展示自己的同时，我们常因自己是最好的那一个而沉不住气，急于得到别人的称赞和肯定，却常常忽略心浮气躁的品性会给自己的前进道路带来不必要的障碍。要知道，最好的那一个总是在最后才被发掘和利用，千万不要因为自己的心浮气躁而毁掉自己的前程。

第十章

坚持自己的立场

JIANCHI
ZIJIDE
LICHANG

任何时候都要坚持你的立场

坚持你的立场，不盲从他人的主张，才会得到真理的眷顾。

苏格拉底教导弟子从来都不是直言相劝，而是把深刻的道理寓于典型的事例中，让弟子们自己去体会。有一次，众弟子向他请教怎样才能坚持真理，苏格拉底照例没有直接回答，而是让大家坐下来，他用手指捏着一个苹果，慢慢地从每个同学的座位旁边走过，一边走一边说："请同学们集中精力，注意嗅空气中的味道。"

然后，他回到讲台上，把苹果举起来左右晃了晃，问："哪位同学闻到了苹果的味儿？"

有一位学生举手回答说："我闻到了，是香甜的味道！"

苏格拉底再次走下讲台，举着苹果，慢慢地从每一个学生的座位旁边走过，边走边叮嘱："请同学们务必集中精力，仔细嗅一嗅空气中的气味。"

过了片刻，苏格拉底第三次走到学生当中，他让每位学生都嗅一嗅苹果。这一次，除了一位学生外，其他学生都举起了手。苏格拉底微笑着。

可是那位没举手的学生左右看了看，也慌忙举起了手。

苏格拉底脸上的笑容不见了，他举起苹果缓缓地说："非常遗憾，这是一个假苹果，什么味道也没有。"

人都有一种从众的心理，面对外界事物做出判断时，尽管一开始拥有自己的主场，可一旦周围持反面立场的人多了，甚至是呈一边倒的时候，他就会怀疑自己的选择是错误的，从而心理的堤岸崩溃了，转而改变立场。盲从竟是如此的可怕，会让你放弃自己的立场，转投其他，尽管真理原本站在你的一边。打破盲从的轨迹，坚持自己的立场，真理才能够眷顾你。

不要盲从

一个炎热的夏天，太阳火一样炙烤着大地，森林的动物们都渴得四处寻找水喝。一只狐狸好不容易发现了一眼清泉，正想饮个痛快，不料来了一头狮子，蛮横地把它赶跑了。

愤愤不已的狐狸看见不远处有一头野猪，立即迎上去说："野猪大哥，你也想喝水吗？前面正好有一眼清泉，可惜被狮子霸占了，它宣布谁也不准去尝一口！"此时正干渴难忍的野猪一听就火了，它冲到狮子面前嚷道："狮子，别以为自己是兽王，就可以蛮不讲理，请让一下吧，我也该喝点儿水了。"

狮子大怒："住口！本大王的清泉，谁也甭想享用！"

它俩你一言，我一语，越吵越凶，狮子见野猪竟敢不买自己的账，便走上前去，蛮横地把野猪往边上一推，趴在那儿就想喝水。野猪顿时火冒三丈，誓死要保卫自己的尊严，向狮子猛冲过去，于是两个便扭打在一起。

可是，大热天待着不动还热得让人受不了呢，更何况它们打得这么凶？不一会儿，它俩决定休息一会儿继续战斗。

这时，站在不远处的狐狸却一个劲儿呐喊助威：“野猪大哥，加油呀，争口气，好好教训教训它！”

野猪受到鼓舞后站起来和狮子又扭打成一团，最后狮子和野猪连爬起来的力气都没有了，而此时的狐狸趁机在清泉边饮了个够……

头脑简单的野猪真是一杆好枪，被工于心计的狐狸使了个痛快。

在实际生活中，有一些人为了达到某种目的，常常精心设下圈套，唆使别人出头露面去替他办事，自己则像狐狸一样躲在一边坐收渔利。而盲目追从是促成这一状况的主要原因。

盲从终将一事无成

盲目追随他人，最终会导致一事无成，枉费心力。

鹤拿起针线要给自己的白裙子上绣上一朵花。刚绣了几针，孔雀过来问她："鹤妹你绣的什么花呀？"

"我绣的是桃花，这样能显出我的娇媚。"鹤羞涩地说。

"咳，干什么要绣桃花哩？桃花是易落的花，不吉祥，还是绣月月红吧，又大方、又吉利！"鹤听了孔雀的话觉得很有道理，便把快要绣好的桃花拆了改绣月月红。正绣得入神时，只听锦鸡在耳边说道："鹤姐，月月红花瓣太少了，显得有些单调，我看还是绣朵牡丹吧，牡丹是富贵花呀，显得多么华贵！"

鹤觉得锦鸡说得对，便又把快要绣好的月月红拆了，重新开始绣牡丹。

绣了一半，画眉飞过来，在头上惊叫道："鹤嫂，你爱在水塘里栖歇，应该绣荷花才是，为什么要绣牡丹呢？这跟你的习性太不协调了，荷花是多么清淡素雅，出淤泥而不染，亭亭玉立的，多美呀！"鹤听了，觉得也是，便把快要绣好的牡丹拆了改绣荷花……

每当鹤快绣好一朵花时，总有其他动物提不同的建议。她绣了拆，拆了绣，最终也没有绣成任何的花朵。

盲目跟随别人意见行动的人是非常可悲的。别人的喜好不代表自己的喜好，别人的见解也未必就很客观。盲从他人，最终会导致一事无成，枉费心力。

经验不是真理

借鉴别人的经验没有错，但绝不可将经验奉为指导行动的金科玉律。

一艘远洋海轮在一次远洋航行时不幸触礁，沉没在汪洋大海里，幸存下来的船员拼死登上一座孤岛。

接下来的情形更加糟糕，岛上除了石头还是石头，没有任何可以用来充饥的东西。更为可怕的是，在烈日的曝晒下，每个人都口渴得难以抑制，水成为最珍贵的东西。

尽管四周都是水，可谁都知道那是海水，海水又苦又咸，根本不能用来解渴。

这些人唯一的生存希望是等到下雨或有过往船只发现他们。但是没有任何船只经过这个寂静的海岛，而且也没有任何下雨的迹象，周边除了海水还是海水。

渐渐地，这些生存的船员支撑不下去了，他们纷纷渴死在孤岛上。

当最后一名船员快要渴死的时候，他实在忍受不住扑进海里。“咕嘟咕嘟”地喝了一肚子海水。

船员喝完海水，一点儿也感觉不出海水的苦涩味，相反觉得这海水十分甘甜，非常解渴。他心想：也许这是自己渴死前的幻觉吧。他静静地躺在岛上，等着死神的降临。

可是过了很长时间，他一点儿也没有不舒服的感觉。船员非常奇怪，于是他每天靠喝海水度日，终于等来了救援的船只。

后来，人们化验这里的海水时才发现，由于有地下泉水的不断翻涌，这儿的海水实际上完全是可以饮用的。

你是否有过这种经历？靠前辈、老师的经验生活着，把他们的经验奉为指导行动的经典指南，对其深信不疑而不愿有丝毫的突破，最终禁锢了思维而使自己陷入了不能自拔的困境。

亦步亦趋终将不会走路

一味地模仿别人，按照别人的模式做事，不但不能将本领学到手，恐怕最后连自己的本事也忘记了。

战国的时候，燕国有个青年人，他听说赵国都城邯郸的人特别有风度，他们走起路来，不紧不慢，又潇洒又优雅，那姿势特别好看。于是这位燕国青年决定要去赵国学邯郸人走路的姿势，他不顾家人的反对，带上盘缠，跋涉千里，专程赶到邯郸，一心要学邯郸人走路的样子。

他来到大街上，看着来来往往的人群，看得他都发了呆，不知该怎样迈开步子。这时，迎面走来一个人，年龄和这位燕国青年相仿，那走路的样子实在令人羡慕。于是等那人走过，燕国青年便跟在他后面模仿，那人迈左脚，燕国青年也迈左脚，那人迈右脚，燕国青年也迈右脚。稍不留心，他就搞乱了左右，搞得他十分紧张，哪还顾得了什么姿势。眼看那人越走越远，燕国青年渐渐跟不上了，他只好又回到原地。接着他又盯住了一个年纪稍大的人，他又跟在别人身后亦步亦趋地学走路，引得街上的人都停下脚步观看，有的人还捂着嘴笑。几天下来，他累得腰酸腿疼，但学去学来总是学不像。

燕国青年心想，学不好的原因肯定是自己原来走惯了的老姿势和步法。于是，他下决心丢掉自己原来的习惯走法，从头开始学习走路，一定要把邯郸人的步法学到手。

可是，一连过了好几个月，燕国青年越学越差劲，不仅邯郸人的走法没学会，而且还把自己原来是怎么走路的也全忘了。眼看带来的盘缠已经花光，自己仍然一无所获，他十分沮丧，只好回家了。可是他又忘了自己原来是怎样走路的，竟然迈不开步子了。无奈，燕国青年只好在地上爬着回去，那样子好不狼狈。

我们中的许多人，总对自己的生活状态不满意，认为别人比自己生活得更好。在羡慕别人的同时想方设法模仿别人的生活模式，模仿别人的穿衣方式、模仿别人的说话语气、甚至模仿别人的走路姿势，将自己完全现在别人的世界里，最后不但没有学会别人的本领，反倒将自己的本事都遗忘了，实在是可悲可叹。

不可以盲从权威

权威的话并不代表真理，理由充足时是可以推翻的。

专家站在病床旁，正在给他的学生们就病人的情况进行实习指导。

专家说："我已把我们的实习安排向这位病人作了解释，他不会介意的，只要你们需要，尽可以听听他的心脏。他患的是心脏病。简直太典型了，我不知道你们今后是否还能碰到这样的病例。"

关于心脏病的病理知识，他的学生们早在课堂上听专家讲过无数次，大家都十分了解。

专家把听诊器递给他的学生："你们要仔细听听。"

学生一个接一个地拿过听诊器，集中精力听诊。"噢，没错，听得很清楚。"大家都点点头说，谁也没有发现有什么不对劲的地方。

实习课结束后，大家来到了专家的办公室开始总结。

"你们都听清楚了吗？"专家问。学生们点点头。这时，专家并没多说什么，慢慢拆开学生刚用过的那个听诊器。只见他从口袋里取出一个小镊子，用它夹出塞在听诊器里的一团棉球。

原来这是一个失效的听诊器，根本不可能用它听清什么。

"再也不要这样了，"专家看着他的学生，语重心长地说，"如果你们听不到什么声音，就直说好了。如果你们不理解别人在讲什么，就告诉他你确实不明白。本来糊涂却假装清醒，也许能欺骗别人，到最后害的人仍然是自己。"

不要随波逐流，不要盲目地跟在别人的后面走，不要盲从权威，要学会独立思考每一个问题，遇到自己不能认同的东西，要大声地说出来并坚持到最后，永远都不要放弃。这才是一种大无畏的勇气。

很多人走的路也会有陷阱

很多人走的路并不总是平坦，即使路上有很多脚印也可能会有陷阱。

一个人要穿越一片沼泽地，因为没有路，便试探着走，虽很艰险，但他左跨右跳，竟也能找出一段路来，可好景不长，没走多远，就不小心一脚踏进烂泥里，沉了下去。

又有一个人要穿过沼泽地，看到前人的脚印，便想：这一定是有人走过，沿着别人的脚印走一定不会有错。用脚试着踏去，果然实实在在，于是放心走下去。但最终他也一脚踏空沉入了烂泥中。

第三个人要穿过沼泽地，看着前面两人的脚印，想都未想便沿着走了下去，他的命运也是可想而知的。

第四个人要穿过沼泽地，看着前面众人的脚印，心想：这必定是一条通往沼泽彼端的大道，看，已有这么多人走了过去，沿此走下去我也一定能走到沼泽的彼端。于是大踏步地走去，最后他也沉入了烂泥。

前人的经验摆在那里，为什么不用？这是很多人的本能反应。遵从前人的经验可以省掉自己探索的时间和精力，是懒惰在人身上的表象体现。

然而，盲目遵从前人的经验，奉前人的经验为经典，会使我们心不设防，落入经验的陷阱。

无主见会让你无所适从

如果盲目地听从别人的意见而没有主见，就会犯和这只布谷鸟一样的错误。

布谷鸟要盖一幢房子，它又拾木棍又和泥，累得大汗淋漓。这时，一只麻雀飞过来，落在房场附近。

它见布谷鸟在盖房子，就说："布谷鸟哥哥，你这是要盖房子吗？"布谷鸟抬头一看是麻雀，就笑着回答道："麻雀老弟，你说得很对，我正在盖房子。"麻雀说："布谷鸟哥哥，我看这房场不好。"布谷鸟不解地问："为什么？"麻雀说："这儿正是路边，下蛋、抱崽，容易受伤害呀！"布谷鸟吃惊地问："是吗？"麻雀用肯定的语气回答道："当然是这样的！"布谷鸟说："谢谢你！"它觉得麻雀的话很有道理，就决定不在这儿盖房子了，而移到森林深处的大树上盖房子。

布谷鸟又拾木棍又和泥，累得大汗淋漓。这时，一只猫头鹰飞了过来，落在房场附近。

它见布谷鸟在盖房子，就说："布谷鸟弟弟，你这是要盖房子吗？"布谷鸟抬头一看是猫头鹰，就笑着回答道："猫头鹰哥哥，你说得很对，我正在盖房子。"猫头鹰说："布谷鸟老弟，我看这房场不好。"布谷鸟不解地问："为什么？"猫头鹰说："房子盖在树上，位置太高了，风可以刮掉它，雨可以淋湿它，雷电也可以击毁它。"布谷鸟吃惊地问："是吗？"猫头鹰用肯定的语气回答道：“当然是这样的！”布谷鸟说：“谢谢你！”

它觉得猫头鹰的话很有道理，就决定不在这儿盖房子了，而移到大树的下面盖房子。

布谷鸟又拾木棍又和泥，累得大汗淋漓。这时，一只啄木鸟飞了过来，落在房场附近。

它见布谷鸟在盖房子，就说：“布谷鸟朋友，你这是要盖房子吗？”布谷鸟抬头一看是啄木鸟，就笑着回答道：“啄木鸟朋友，你说得很对，我正在盖房子。”啄木鸟说：“布谷鸟朋友，我看这房场不好。”布谷鸟不解地问：“为什么？”啄木鸟说：“房子盖在树底下，位置太低了，天旱草木干，起山火时，可是先从地面上着啊！”布谷鸟吃惊地问：“是吗？”啄木鸟用肯定的语气回答道：“当然是这样的！”布谷鸟说：“谢谢你！”它觉得啄木鸟的话很有道理，就决定不在这儿盖房子了，而移到别的树木较多的地方盖房子。

布谷鸟又拾木棍又和泥，累得大汗淋漓。这时，一只黄鸽飞了过来，落在房场附近。

它见布谷鸟在盖房子，就说：“布谷鸟叔叔，你这是要盖房子吗？”布谷鸟抬头一看是黄鸽，就笑着回答道：“黄鸽侄子，你说得很对，我正在盖房子。”黄鸽说：“布谷鸟叔叔，我看这房场不好。”布谷鸟不解地问：“为什么？”黄鸽说：“在树多的地方盖房子，有许多不利的地方。冬天树遮阴，这儿很冷；夏天又密不透风，这儿很热，况且，树林里毒蛇多，这对你很有威胁呀！”布谷鸟吃惊地问:“是吗?”黄鸰用肯定的语气回答道:“当然是这样的!”布谷鸟说:“谢谢你!”

它觉得黄鸰的话很有道理,就决定不在这儿盖房子了,而移到别的地方盖房子。

它又拾木棍又和泥,累得大汗淋漓……

布谷鸟从春到夏,从秋到冬,为盖房子的事东奔西走,但总也没能盖成一幢房子。

盲目地听从别人的意见而不懂得自己思索,没有自己的主见,是人们常犯的一个错误。

无论别人说什么,你都应该有自己的主见。该做什么,应该怎样做,为什么这样做,都是自己应当思索的问题,而别人的意见,只能作为参考。

荒谬来自于盲从

对权威的盲目崇拜,对他人的盲目追从,往往会令你做出荒谬至极的事情。

有一群野牦牛居住在深山野岭里,它们在一头雄壮的牦牛王的领导下,过着自由自在的生活。

一天夜里,牛王口渴得厉害,悄悄外出饮水,一不小心跌下山崖,一只角不幸折断了。

天亮了,牦牛群突然发现牛王的头上缺少了一只角,不知为什么，私下议论纷纷。牛王觉得解释此事不太好意思，便一笑了之。

可是牦牛群却显得更加不安起来，胡乱猜想，捕风捉影。

一头小牦牛自以为很聪明，他有板有眼地分析道："你们知不知道牛王为何改变自己的形象？犀牛是地球上最威猛的动物，它不是只有一只角吗？我想它一定是仰慕犀牛的威猛，才这么做的。既然牛王都这样做了，我们一定要紧跟牛王，和牛王保持一致！"

当天夜里，牦牛群紧急行动起来，统统折断了一只角。

早晨，牛王看到全部牦牛都变成独角，真是大吃一惊，而且莫名其妙。它焦急地询问道："大伙发疯了？你们怎么都成独角了，谁叫你们做出这样的蠢事？"

小牦牛鼓起勇气回答："大王，是你首先带头变成独角的，我们以为新潮流时兴独角呢，所以连夜掀起独角运动……"

牛王恍然大悟。它叹息这荒谬来自盲从。

小丑的生存哲学

具有较强面子心理的人，往往为了顾及面子而依附于他人的思想和认知，从而失去独立的判断，处处受制于人。

曾有一个小丑，他长时间都过着很快乐的生活。但渐渐地有些流言传到了他的耳朵里，说他到处被公认为是个极其愚蠢的、非常鄙俗的家伙。小丑窘住了，开始忧郁地想：怎样才能制止那些讨厌的流言呢？

一个突然的想法使他的脑袋瓜开了窍，于是，他毫不拖延地把他的想法付诸实行。

他在街上碰见了一个熟人，那熟人夸奖起一位著名的色彩画家。“得了吧！”小丑提高声音说道，“这位色彩画家早已经不行啦……您还不知道这个吗？我真没想到您会这样……您是个落伍的人啦！”

熟人感到吃惊，并立刻同意了小丑的说法。

“今天我读完了一本多么好的书啊！”另一个熟人告诉他说。

“得了吧！”小丑提高声音说道，“您怎么不害羞？这本书一点儿意思也没有，大家老早就已经不看这本书了。您还不知道这个？您是个落伍的人啦！”

于是，这个熟人也感到吃惊，也同意了小丑的说法。

“我的朋友杰克真是个非常好的人啊！”第三个熟人告诉小丑说，“他真正是个高尚的人！”

“得了吧！”小丑提高声音说道，“杰克明明是个下流东西。他侵占过所有亲戚的东西，谁还不知道这个？您是个落伍的人啦。”

第三个熟人同样感到吃惊，也同意了小丑的说法，并且不再同杰克来往。总之，人们在小丑面前无论赞扬谁和赞扬什么，他都一个劲儿地驳斥。

有时候，他还以责备的口气补充说道：“您至今还相信权威吗？”

“好一个坏心肠的人！好一个毒辣的家伙！”他的熟人们开始谈论起小丑了，“不过，他的脑袋瓜多么不简单！”

“他的舌头也不简单！”另一些人又补充道，“哦，他简直是个天才！”

最后，一家报纸的出版人请小丑到那儿去主持一个评论专栏。

于是，小丑开始批判一切事和一切人，一点儿也没有改变自己的手法和自己趾高气扬的神态。

现在，他——一个曾经大喊大叫反对过权威的人——自己也成了一个权威了，而年轻人正在崇拜他，而且害怕他。

他们——可怜的年轻人，该怎么办呢？虽然一般来说，不应该崇拜。可是，在这儿，你试试不再去崇拜吧——你就将是个落伍的人啦！

有些人就是这样，当你“语出惊人”时，他便奉你为权威。无论你在说什么，他们都会照单全收，奉为经典。而人只有坚持自己的主张，才能不为生活中的小丑所左右。

第十一章

人贵有自知之明

REN
GUI YOU
ZIZHIZHIMING

自命不凡，自取其祸

不凡是一种高雅的境界，但自命不凡却是一种孤立自己的愚蠢行为。

在高高的围墙背后，有一座很大的果园。果园里栽种着各种各样的果树，有苹果、梨、桃、杏、石榴、无花果，还有一些连名字也叫不出来，但果实却香甜可口的果树。

这些果树聚集在果园里，大家互相关心，互相帮助，相处得十分融洽，过着和睦与幸福的生活。春天，它们在五颜六色的花潮中嬉闹；夏末，沉甸甸的果实压弯了枝头。

有一天，这个和睦温馨的大家庭增加了一个新成员——一棵自命不凡的核桃树。这棵核桃树确实长得干粗叶肥、高大英俊。果树们都热情地欢迎它，主动和它攀谈，很想与它友好相处。起初，核桃树态度非常谦和，与大家相处得不错。可是，过不了多久，它的毛病就暴露出来了。

“我们何苦要龟缩在围墙后边呢？”它对伙伴们说，“我根本不想在这里当隐士，埋没自己的才华和美貌。我必须把我这高大健壮的枝干伸出围墙，让周围的人们都见识一下我的美貌，品尝我的果实！”

其他的果树都奉劝它说：“我们已经在这个果园里生活了几十年了，正是由于围墙的保护，我们才能无忧无虑地成长，自由自在地生活。如果你把枝干伸出围墙，让过路的人来欣赏你，可能会招惹麻烦，因为过路人什么样的都有，怎能保证你不受伤害呢？”

高傲的核桃树把伙伴们的好心规劝当成了耳边风，它决定要在过路人面前展示一下自己的英姿。于是它不停地爬啊爬，终于翻过了高高的围墙。收获的季节到了，核桃树的枝条上挂满了核桃，它昂首挺胸，骄傲地向路人展示着自己的美貌和才华。可是绝大多数的过路人根本无心去观赏它的美貌，而是只顾用手去摘它的果实。摘不到的，就扯断它的枝条，甚至用石块投掷，用棍棒敲打。

没过多久，核桃树便伤痕累累、肢体不全。它不单是赔了核桃，还损了枝叶，残断的树枝像枯藤似地垂挂在围墙外边。

因自己的出众外貌等而自命不凡的现象太过普遍地存在于人类的身上。

因为自命不凡，便再也看不起身边的“凡人”，慢慢地，亲人走了，朋友离开了，所有能够帮助你的“凡人”都离远去了。

因为自命不凡，便一定要做出“超凡脱俗”的事情，而这脱俗背后的危险却是自命不凡者无法预料的，直到伤痕累累，才会悔恨不已。

飞得再高也不能超出自己的底线

风筝离开了线的牵引便无法再高飞，人丧失了自知的能力，没有了行为底线也只能遭受挫折。

一只风筝在微风中飘然升起，越过了屋顶，飘过了树梢。这时，站在树上的花喜鹊对它说：“风筝大哥，你飞得真好！”

“不。”风筝谦虚地说，“要不是有风，要不是有线牵着我，我是飞不好的！”

风越来越大了，线越放越长了，风筝也越飞越高了。等它飞过山顶的时候，心里就有些飘飘然了：“啊！当我躺在屋里桌子上的时候，怎么也不知道我原来也是飞翔的天才！”

风筝随着风在不停地上升、上升，一直上到了白云之上。当它俯视地面的时候，地上的房屋、树木、河流，甚至大山都显得那么渺小，就连平时高飞的雄鹰，现在也在它的脚下。它心里有一种说不出的滋味，仿佛自己的身体也在膨胀，变得高大起来。

“喂！”它毫不客气地对在它脚下盘旋的雄鹰说，“抬起头来看看我！过去人们总是赞扬你飞得高，现在怎么样？我比你飞得还要高！”

雄鹰抬头看看它，并没有与它争辩，只是意味深长地瞅了瞅它身下的那根长长的线，微微一笑。

这样一来，风筝更沉不住气了，涨红了脸说：“你这是什么意思？好像我离了线就不能飞似的！其实，我还可以飞得更高些，都怪这根可恶的线！”为了显示自己的才能，风筝拼命挣扎，只听得“嘭”的一声，拴在它身上的线挣断了。风筝很得意，心里想：这下可好了！我可以自由飞翔了，想飞多高就飞多高！果然，在断线的时候，它迅猛地向上冲了好大一截。

谁知它很快便失去了重心，在风中身不由己地向下翻滚，最后一头跌进了臭水沟。

风筝离开了线便会跌跤，人脱离了行为的底线也会遭遇挫折。做出一点点成绩便会飘飘然是人的通病。成绩使人们的心无限膨胀、无限上升，以致不能再认清自己的实力，丧失理智地去攀登永远无法逾越的高峰。最后，不但得不到成功，还会搞得疲惫不堪、伤痕累累。

人贵有自知之明

人只有自知才能找到前进的正确方向，失去了自知而徒有勇气也不能到达成功的彼岸。

一个圆滚滚的鸟蛋，不知为什么，忽然从灌木丛上的鸟窝里骨碌碌地滚了出来，跌在灌木丛下厚厚的落叶上。奇怪的是居然没有跌破，一切完好如初。

鸟蛋得意了，对着鸟窝大声笑着说：“哈哈，我是一只跌不破的鸟蛋！你们谁有我这样的本事，就跳下来比试比试看！”

窝里的鸟蛋们听了，一个个探出头来看了一眼，吓得忙缩进头说：“我们害怕，不敢跳呀。我们谁也没有对你刚才的行为不服气，还要比试什么呢？”

“哼！我早就料到你们没有这个胆量！”地上的鸟蛋神气地向窝里的鸟蛋们大声嘲笑起来。

这只鸟蛋在地上滚来滚去，一会儿滚到一棵小草边，向小草碰了碰，小草连忙仰起身子往后让；一会儿鸟蛋又滚到一株树苗边，向树苗撞一撞，树苗也仰着身子给它让路。

鸟蛋更得意了。它认为自己力大无比、天下无敌，更加勇气十足地在山坡上滚过来，滚过去。

窝里的鸟蛋们劝告说：“小哥，刚才你只是碰到一个偶然的机会，才没有跌破的，不要就此认为自己是个铁蛋蛋了，你仍然是一个容易破碎的鸟蛋呀！这点自知之明你总该有吧？”

“铁蛋蛋有什么了不起？”鸟蛋仍然挺着肚皮神气地说，“你们刚才没看到小草和树苗吗？它们对我都要让几分，不敢跟我碰撞，难道这山坡上还有什么我不能去碰撞的吗？哈哈！”

鸟蛋一阵大笑，蹦跳翻滚，想到山坡下的路边去显显威风。谁知被山坡上一块小石头挡住了去路。

鸟蛋气愤地望了小石头一眼，厉声喝道："你是什么东西？居然敢挡我鸟蛋蛋的去路？想找死么？"

小石头昂着头说："嘿，今天的太阳是从西边出来的么？一个鸟蛋对我也如此神气起来，告诉你吧，我是一块阻挡山坡上泥沙往下滑的小石头，这里是我的岗位，我站在这里是绝不会后退一步的，你敢把我怎么着？"

鸟蛋更气愤了，仰着头对小石头说："你知道我的脾气吗？我是一个勇气十足的鸟蛋，在这山坡上是颇有名气的。小草和树苗都已经领教过我的厉害，别人怕你小石头，我可不怕。到时候，你可别说我不客气啊！"

小石头也生起气来，大声说："你想对我干什么？还想打架么？别不知天高地厚了，快滚回去吧！"

鸟蛋为了显示它的勇气，不听小石头的警告，鼓足气，猛地一滚，向小石头冲去。只听到"啪"的一声，鸟蛋碰得粉碎，流出一摊蛋液。

邻居山雀大婶从这里飞过，看到这情景，伤心地说："唉，这孩子也太任性了，竟然硬要与石头过不去。要知道，无自知之明的人，越是无所畏惧，那后果就越不妙啊！"

小鸟蛋在一次又一次"畅通无阻"之后，过于沉浸于自己取得的成就，沾沾自喜，不能自拔，于是盲目自大，更加猖狂。它从来都没有看清自己的处境和地位，甚至与强于自己百倍的石头碰撞，所以它的结局就只能是自取灭亡。这在人性中也是表现得淋漓尽致的。

这种结局当然是咎由自取，希望它的下场能够给每一个人敲响警钟——适时地认清自己。

正视自身的缺陷才能进步

成功本身就是一个不断进步的过程。每个人都不可能犹如圣人一样完美无缺，什么都是从不懂到懂，从无知到熟悉的过程。

从前，八哥的鸣声嘶哑难听，叫起来就像是乌鸦和猫头鹰。

谁听了都讨厌地把头来摇——咒骂他：“不祥的鸟儿，快点走开！”

自从他得到了一支万能的金笛，一下子变成一只最巧嘴的鸟儿，唱起歌来人人赞美，人人称颂！

八哥怎样得到万能的金笛的？这个故事很值得诸位一听——有一天百鸟正在山林中聚会，从天上飘下一支金笛——落在它们当中。

这支金笛能发出最美的声音，奏出的乐曲格外悠扬、动听！

这金笛能巧妙地模仿人的语言，当然更能模仿各种鸟儿美妙的啼鸣。

这支金笛应该交给谁来使用？鸟儿们开了个会议认真地议评——谁的鸣声最难听、最不受欢迎，就把金笛交给他——弥补它命运的不幸。

鸟儿们决定发扬民主——由大家来推荐，再加上自己的申请。

于是乎大家就开始了评议，推荐出的对象是：乌鸦、八哥和猫头鹰。

乌鸦头一个提出了抗议："你们的评议太不公平！谁敢说我的叫声不受欢迎？我看呐，我的嗓子比你们全都悠扬动听！"乌鸦陶醉着。忽然，他又大怒："你们这是对我最大的污蔑，我要向鸟王的法庭提出诉讼！我声明我坚决不要这支金笛，我看呐，还是把金笛送给八哥或猫头鹰！"

猫头鹰也愤怒地高声大喊："难道说我就是好欺负的？我的叫声比你们谁的也不差，赛不过金铃吧，也赛过银铃！谁敢说我的叫声不受欢迎？我看呐，人们都应对我十二分地尊敬！我也声明坚决不要这支金笛，我提议还是把金笛送给八哥使用！"

八哥点了点头连声说好："我的短处我自己知道得最清楚——我的嗓子嘶哑，叫声很不好听，到处都惹人讨厌，不受人欢迎……"

"就请把这支金笛交给我吧，我感谢大家对我的一片盛情！"

于是，就结束了这场评议，万能的金笛就到了八哥的手中。

从此八哥就变成了一只最巧嘴的鸟儿，到处受人欢迎，到处被人称颂！

乌鸦和猫头鹰拒绝把自己的短处换成长处，所以至今让人讨厌，被人骂不绝声……

人总是喜欢掩盖自己的缺陷来避免别人的嘲笑，却不知在满足自身虚荣心的同时让自己的缺陷变得不可救药。不要回避自己的缺点，只有勇敢面对自己的不足才能不断进步。这才是最明智的选择。

找准自己的位置

找准自己的位置，认清自己的角色，可以让你少犯错误。

有头驴费尽心机，终于爬上了屋顶。在人们的围观中，它得意地手舞足蹈，跳起舞来，结果把屋顶的瓦片全踩碎了。

主人从地里干活回来，发现驴子在屋顶上正在胡闹，他立刻爬上屋顶，把驴子赶了下来，并用一根粗棍子狠狠地打了它一顿。

“为什么打我？昨天我发现猴子也是这样跳的，你却非常高兴，好像这样给了你许多欢乐似的。”驴子委屈地说。

“蠢货，爬到屋顶上去跳舞，你以为你是猴子吗？别忘了，你是一头驴。”农夫对驴子又是一顿棒打。

驴子挨打，都怪它不自知，没有找准自己的位置。我们是不是也常常犯这样的错误呢？

认不清自己的角色，找不准自己的位置，而按照个人喜好一意孤行，往往会把事情搞砸。

接受别人善意的帮助

谁也不能成为生活的独行者，我们都需要别人善意的帮助。

幽静的树林里长着一棵高大挺拔的树，它非常欣赏自己的身材，并引以为傲。

有一天，来了一只啄木鸟，停在树上，它听到树干里有许多小虫啃噬的杂音。啄木鸟便用长嘴在树干上啄一个个洞，准备将虫一一吃掉。

这棵树非常生气，它认为自己足够高大足够强壮，根本不需要啄木鸟的帮助。因此，大树开口责骂啄木鸟并把它赶走。

结果小虫在树干里长大并生了更多的小虫，它们不断地啃噬着树干，逐渐把它吃空了。有一天，一阵大风刮过来，这棵大树就拦腰折断了。

因为一时的狂妄与自大而拒绝接受身边家人、朋友、同事的帮助是人们常常会犯的错误。有些人总认为自己的能力足以胜任工作，自己的力量足以挑起所有的重担，直到身心疲惫、工作生活一塌糊涂时，才想起自己并不是一切，应该接受别人善意的帮助。

学会明辨别人不善意的恭维

有一种恭维的背后是一颗不怀善意的心，对此你一定要小心，否则会在不经意之间被其所伤。

饥饿的狮子看到肥壮的公牛在地里吃草。

“要是公牛没有角就好了，”狮子馋涎欲滴地想，“那我就能很快地把它制伏。可他长了角，能刺穿我的胸膛。”

后来，狮子想了个主意，他鬼鬼祟祟地侧着身子走到公牛身旁，十分友好地说：“我真羡慕你，公牛先生。你的头多么漂亮呀，你的肩多么宽阔、多么结实呀！你的腿和蹄多么有力量呀！不过，美中不足就是有两只角，我不明白你怎么受得了这两只角，这两只角一定叫你十分头痛，而且也使你的外貌受到损害，不是吗？”

公牛说：“你这样认为吗？我从来没有想过这一点。不过，经你这么一提，这两只角确实显得碍事，还有损我的外貌。”

狮子溜走了，躲在树后面看着。公牛等到狮子走远了，就把自己的脑袋往石头上猛撞。一只角先撞碎了，接着另一只角也碎了，公牛的头随之变得平整光秃了。

“哈哈。”狮子大吼一声，跳出来大声说道：“现在我可以摆平你了。多谢你把两只角都搞掉了，我先前没有攻击你，正是这两只角妨碍了我啊！”

听到别人的赞美与恭维，许多人都会沾沾自喜，甚至会飘飘然。然而，赞美分为三种情况：一是发自内心的真诚赞美，此种赞美是对方对你敬佩之情的自然流露，对此要表示真心的感谢；二是无关痛痒的客套话，对此种赞美可一笑了之；三是裹着糖衣的不怀好意的恭维，它的背后隐藏着不可告人的目的。对于第三种恭维，一定要辨识清楚，以免被笑容背后的歹毒所伤。

你并不是一切

你也许是最优秀的，但绝不等于你就是一切。脱离了别人的帮助，你也许永远都无法再展翅高飞。

老鹰的翅膀上生长着一根非常绚丽耀眼的羽毛。在众多羽毛中，这根羽毛十分与众不同，它每时每刻都闪闪发亮、耀眼夺目，令其他羽毛羡慕不已。它自己也常常得意扬扬，摆出一副不可一世的样子。

有一天，亮丽的羽毛意气风发地对其他羽毛说：“老鹰展翅飞翔时看起来如此壮观伟岸，还不都是因为有我参与。”其他羽毛听罢都低声附和。又过了一段日子，那根漂亮的羽毛更加自以为是地对其他同伴说："我的贡献最大了，没有我的话，老鹰哪里能够一飞冲天呢！"

漂亮的羽毛整天陷在自傲自负的泥沼里，无法自拔，它终于孤傲且目中无人地对大家宣布："我觉得老鹰已经成为我人生沉重的负担，要不是老鹰硕大无比的躯体重重地压着我，我一定可以自由自在地飞翔，而且会飞得更远更高。"说完，它就使出浑身解数，拼命地脱离老鹰，最后它终于如愿以偿从老鹰的翅膀上抖落下来，可在空中没飘多久，就无声无息地落在泥泞的土地上，从此再也无法飘扬远飞了。

盲目自大的人总是无法认清自己的角色，他们认为自己就是一切，脱离了别人，自己同样可以高高飞扬且比过去更加绚丽夺目。可是，事实却一次又一次地让他们备受打击，原来自己的力量是那么的微不足道，离开了别人的帮助自己竟然会一事无成。

优势也是隐患

骄傲是自己对自身在某特殊方面有卓越价值的确信。

三个旅行者早上出门时，一个旅行者带了一把伞，另一个旅行者拿了一根拐杖，第三个旅行者什么也没有拿。

晚上归来，拿伞的旅行者淋得浑身是水，拿拐杖的旅行者跌得满身是伤，而第三个旅行者却安然无恙。于是，前两个旅行者很纳闷，问第三个旅行者：“你怎么会没有事呢？”

第三个旅行者没有回答，而是问拿伞的旅行者：“你为什么会淋湿而没有摔伤呢？”

拿伞的旅行者说：“当大雨来到的时候，我因为有了伞，就大胆地在雨中走，却不知怎么淋湿了。当我走在泥泞坎坷的路上时，我因为没有拐杖，所以走得非常小心，专拣平稳的地方走，所以没有摔伤。”

然后，第三个旅行者又问拿拐杖的旅行者：“你为什么没有淋湿而摔伤了呢？”

拿拐杖的说：“当大雨来临的时候，我因为没有带雨伞，便拣能躲雨的地方走，所以没有淋湿。当我走在泥泞坎坷的路上时，我便用拐杖拄着走，却不知为什么常常跌跤。”

第三个旅行者听后笑笑说：“这就是为什么你们拿伞的淋湿了，拿拐杖的跌伤了，而我却安然无恙的原因。当大雨来时我躲着走，当路不好时我小心地走，所以我没有淋湿也没有跌伤。你们的失误就在于你们有凭借的优势，认为有了优势便少了忧患。”

我们总是盯着自己的缺点和不足不放，生怕自己会暴露缺点。然而，更多时候我们不是败在缺点或者短处上，而是败在自己的优势上。许多时候，优势也会成为我们前进路上的绊脚石。

不要跌倒在自己的优势上

将强项作为炫耀的资本，只能让你跌倒在自己的优势上。

从前，猴子和卖艺人打赌，谁先从东山走到花果山，花果山上那个吃了可以长生不老的蟠桃就属于谁。另外，猴子提出，输的那一方还要终生成为对方的奴隶。卖艺人想也没想，便同意了猴子提出的条件。

第二天，猴子和卖艺人同时从东山出发。一路上，猴子为了向卖艺人炫耀自己的本领，一会儿从这棵树上跳到那棵树上，一会儿又在地上不停地翻着跟斗。

卖艺人见了，羡慕地说："尊敬的猴子，你太伟大了，我崇拜你。你的爬树本领、跳跃技艺真叫人佩服啊，这次我肯定输给你了。"诸如这样的话，卖艺人一连对猴子说了十九天。

猴子每次听了卖艺人的夸奖后，总是得意至极地想："你这个笨蛋，既不会爬树，又不会翻跟斗，怎么会走得比我快呢？要知道，翻山越岭可是我的强项啊，你就等着做我的奴隶吧！"

第二十天，当猴子又施展绝技，从这棵树跳到那棵树上时，却没听到卖艺人在树下称赞它，便想：卖艺人可能是害怕了，他知道比不过自己，只好逃走了吧。于是，猴子一个跟斗一下子翻到了花果山。当它站直身子时，才发现卖艺人已先到了，正拿着那个蟠桃在美滋滋地品尝呢！

"这怎么可能？你既不会爬树，又不会翻跟斗，怎么可能比我先到呢？”猴子不解地问。

“正因为我既不会爬树，又不会翻跟斗，所以在你把时间花在表演这些绝技的时候，我已经在赶路了。”卖艺人说完，敲了一下手中的铜锣，说：“从现在开始，你就是我的奴隶了。走，跟我卖艺去！”

拥有自己的强项，是令人羡慕不已的。但如果不能有效地经营自己的强项，只是将它作为炫耀的资本，最后只能让你跌倒在自己的优势上。

时刻都不要忘记：山外有山，人外有人。当你目中无人地花费精力在炫耀优势时，对手已经在马不停蹄地追赶你，甚至超越你，而自大的你此时也许还被蒙在鼓里呢！

不听忠告要吃亏

只有真正关心你的人才会向你提出忠告，不听取忠告，只能使自己陷于危难境地而无法自拔。

隆冬的一个黄昏，有一头驴子迷了路，心急地在旷野上徘徊不前。它已经累得连走回自家驴圈的力气都没有了，这一年的冬天又特别寒冷，所有的道路都封冻了。

“我实在累得受不了了，就在这里躺下休息一会儿吧。”疲惫不堪的驴子说着就躺倒在了冰地上。

此时，一只觅食归来的麻雀正好从这里经过，它跳到驴子耳朵上，好心地对它说：“老兄，躺在这里太危险了。你睁开眼睛瞧瞧，这地方可不是道路，而是结了冰的湖面啊！”

驴子的确是太累太困了，但它只要把麻雀的话当成一回事，挪动一下身子的力气还是有的。遗憾的是，驴子根本听不进麻雀的忠告，它眨了眨眼睛，表示自己已经听到了，就是不愿挪动一下。它索性闭上眼睛，呼呼地睡起觉来了。

好心的麻雀急得大声骂了起来：

“蠢驴，再不动你就要遭殃了！”

可惜，它的声音被驴子的打鼾声盖住了。

驴子身上的热量把湖面上的冰层一点一点地融化了，突然，一声闷响，驴子身下的冰层裂开了。可怜的驴子终于吓醒了，可是，它已经掉进了冰湖里，想离开也来不及了。结果，这头不听忠告的驴子被寒冷的冰水活活地淹死了。

不听取忠告，不但会伤害亲人、朋友的心，还会使自己陷于危难境地而无法自拔。

自以为是落笑柄

自己不懂的事情应该虚心向他人请教，自以为是的行为只能为众人留下笑柄。

一只博士羊被分到一个动物研究所上班，成为这个所里学历最高者。有一天周日，闲着没事，博士羊到单位的池塘里去钓鱼，恰巧一正一副两个鸡所长也在钓鱼。博士羊向它们点了点头，这两个本科生，有什么共同语言呢？不一会儿，正鸡所长放下钓竿，伸伸懒腰，蹭蹭蹭从水面上如飞地走到对面上厕所。博士羊眼睛睁得都快掉下来了。水上漂？不会吧？这可是一个池塘啊。鸡也会在水上走？正鸡所长上完厕所回来的时候，同样也是蹭蹭蹭地从水上漂回来了。怎么回事？博士羊又不好去问，自己是博士生哪！过一阵，副鸡所长也站起来，走几步，蹭蹭蹭地飘过水面上厕所。这下子博士羊更是差点昏倒：不会吧，到了一个江湖高手集中的地方？博士羊也内急了。这个池塘两边有围墙，要到对面厕所非得绕十分钟的路，而回单位上又太远，怎么办？博士羊也不愿意去问两位所长，憋了半天后，也起身往水里跨：我就不信本科生能过的水面，我博士生不能过。只听咚的一声，博士羊栽到了水里。两位所长将他拉了出来，问他为什么要下水，他问："为什么你们可以走过去呢？"两所长相视一笑："这池塘里有两排木桩子，由于这两天下雨涨水正好在水面下。我们都知道这木桩的位置，所以可以踩着桩子过去。你怎么不问一声呢？"

学会为过错买单

人们可以暂时脱离责罚，保持良好的自身形象。躲进小楼只是暂时的，最终只能勇于承担这份责任，学会为过错买单。

那年小斑马刚从草原大学毕业，分配在一个离家较远的公司上班。每天清晨七时，公司的专车会准时等候在一个地方接送她和她的同事们。

一个骤然寒冷的清晨，她关闭了闹钟尖锐的铃声后，又稍微赖了一会儿暖被窝——像在学校的时候一样。她尽可能最大限度地拖延一些时光，用来怀念以往不必为生活奔波的寒假日子。那一个清晨，她比平时迟了五分钟起床，可就是这区区五分钟却让她付出了代价。

当她匆忙中奔到专车等候的地点时，已经七点过五分，班车开走了。站在空荡荡的马路边，她茫然若失，一种无助和受挫的感觉第一次向她袭来。

就在她懊悔沮丧的时候，突然看到了公司的那辆蓝色轿车停在不远处。她想起了曾有同事告诉她那是老板大象先生的车，她想真是天无绝人之路。她向那车走去，在稍稍犹豫后打开车门悄悄地坐了进去，并为自己的聪明而得意。

为大象先生开车的是慈祥温和的牛羚先生。他从反光镜里已看她多时了，这时，他转过头来对她说："你不应该坐这车。"

"可是我的运气真好。"她如释重负地说。

这时，大象先生拿着公文包飞快地走来。等大象先生在前面习惯的位置上坐定后，她才告诉他说："班车开走了，我想搭您的车子。"她以为这一切合情合理，因此说话的语气充满了轻松随意。

大象先生愣了一下，但很快坚决地说："不行，你没有资格坐这车。"然后用不可辩驳的语气命令："请你下去！"小斑马一下子愣住了——这不仅是因为从小到大没有谁对她这样严厉过，还因为在这之前她没有想过坐这车是需要一种身份的。当时就凭这两条，以她过去的个性，定会重重地关上车门以显示她对小车的不屑一顾，而后拂袖而去。可是那一刻，她想起了迟到对她意味着什么，而且她那时非常看重这份工作。于是，一向聪明伶俐但缺乏生活经验的她变得从来没有过的软弱，她近乎用乞求的语气对大象先生说："我会迟到的。"

"迟到是你自己的事。"大象先生冷淡的语气没有一丝一毫的回旋余地。

她把求助的目光投向牛羚先生，可是老司机看着前方一言不发。委屈的泪水在她的眼眶里打转，然后，她在绝望之余为他们的不近人情而固执地与他们陷入了沉默的对抗。

他们在车上僵持了一会儿。最后，让她没有想到的是，她的老板打开车门走了出去。坐在车后座的小斑马，目瞪口呆地看着有些年迈的大象先生拿着公文包向前走去。他在凛冽的寒风中拦下了一辆出租车飞驰而去。泪水终于顺着她的脸颊流淌下来。

牛羚先生轻轻地叹了一口气："他就是这样一个严格的人。时间长了，你就会了解他了。他其实也是为你好。"老司机给她说了自己的故事。他说他也迟到过，那还是在公司创业阶段，"那天他一分钟也没有等我，也不听我的解释。从那以后，我再也没有迟到过。”牛羚先生说。

她默默地记下了老司机的话，悄悄地拭去泪水，下了车。那天她走出出租车踏进公司大门的时候，上班的钟点正好敲响。她悄悄而有力地将自己的双手紧握在一起，心里第一次为自己充满了无法言语的感动，还有骄傲。

从这一天开始，小斑马长大了许多。

第十二章

人人都能成功

RENREN
DOU NENG
CHENGGONG

面对现实最重要

沉湎过去和未来就会迷失现在的一切，包括自己本身。

一位哲学家途经荒漠，看到很久以前的一座城池的废墟，哲学家想在此休息一下，就顺手搬过来一个石雕坐下来。望着被历史淘汰下来的城垣，想象曾经发生过的故事，不由得感叹了一声。

忽然，有人说："先生，你感叹什么呀？"

他四下里望了望，却没有人，正在他疑惑的时候。那声音又响起来，端详那个石雕，原来那是一尊"双面神"的神像。

哲学家好奇地问："你为什么有两副面孔呢？"

双面神回答说："有了两副面孔，我才能一面察看过去，牢牢地汲取曾经的教训；另一面又可以瞻望未来，去憧憬无限的美好的蓝图啊。"

哲学家说："过去只是现在的逝去，再也无法留住，而未来又是现在的延续，是你现在无法得到的。你不把现在放在眼里，即使你能对过去了如指掌，对未来洞察先知，又有什么意义呢？"

双面神听了哲学家的话，不由得痛哭起来，他说："先生啊，听了你的话，我至今才明白，我落得如此下场的根源。"

哲学家问："为什么？"

双面神说："很久以前，我驻守这座城池时，自诩能够一面察看过去，一面又能瞻望未来，却唯独没有好好地把握住现在，结果，这座城池被敌人攻陷了，美丽的辉煌都成了过眼云烟。我也被人们唾弃而弃于废墟中了。”

世界上有三种人：第一种人只会回忆过去，在回忆的过程中体验感伤；第二种人只会空想未来，在空想的过程中不务正事；只有第三种人注重现在，脚踏实地，慢慢积累，一步一步踏踏实实地走向未来。

成功需要沉淀

浮躁的心态是成功的障碍，因为成功需要沉淀。

老街上有一位老铁匠。由于早已没人需要打制的铁器，现在他改卖铁锅、斧头和拴小狗的链子。

他的经营方式非常古老和传统。人坐在门内，货物摆在门外，不吆喝，不还价，晚上也不收摊。你无论什么时候从这儿经过，都会看到他在竹椅上躺着，手里是一个半导体，身旁是一把紫砂壶。

他的生意也没有好坏之说。每天的收入正够他喝茶和吃饭。他老了，已不再需要多余的东西，因此他非常满足。

一天，一个文物商从老街经过，偶然看到老铁匠身旁的那把紫砂壶。因为那把壶古朴雅致，紫黑如墨，有清代制壶名家戴振公的风格，他走过去，顺手端起那把壶。

壶嘴内有一记印章，果然是戴振公的。商人惊喜不已。因为戴振公在世界上有捏泥成金的美名，据说他的作品现在仅存三件：一件在美国纽约州立博物馆里；一件在我国“台湾故宫博物院”；还有一件在泰国某位华侨手里，是 1993 年在伦敦拍卖市场上以 16 万美元的拍卖价买下的。

商人端着那把壶，想以 10 万元的价格买下它。当他说出这个数字时，老铁匠先是一惊，后又拒绝了，因为这把壶是他爷爷留下的，他们祖孙三代打铁时都喝这把壶里的水，他们的汗也都来自这把壶。

壶虽没卖，但商人走后，老铁匠有生以来第一次失眠了。这把壶他用了近六十年，并且一直以为是把普普通通的壶，现在竟有人要以 10 万元的价钱买下它，他转不过神来。

过去他躺在椅子上喝水，都是闭着眼睛把壶放在小桌上，现在他总要坐起来再看一眼，这让他非常不舒服。特别让他不能容忍的是，当人们知道他有一把价值连城的茶壶后，蜂拥而至，有的问还有没有其他的宝贝，有的开始向他借钱，更有甚者，晚上敲他的门。他的生活被彻底打乱了，他不知该怎样处置这把壶。

当那位商人带着 20 万元现金，第二次登门的时候，老铁匠再也坐不住了。他招来左右店铺的人和前后邻居，拿起一把斧头，当众把那把紫砂壶砸了个粉碎。

现在，老铁匠还在卖铁锅、斧头和拴小狗的链子，据说他已经102岁了。

成功的欲望会让人们的内心浮躁，而宁静可以沉淀出生活中许多纷杂的浮躁，过滤出浅薄粗率等人性的杂质，可以避免许多鲁莽、无聊、荒谬的事情发生。宁静是一种气质、一种修养、一种境界、一种充满内涵的悠远。安之若素、沉默从容，往往要比气急败坏、声嘶力竭更显涵养和理智。

最“深”的是想象中的恐惧

我们最害怕的事物往往并不存在，那只是想象中的影子罢了。

卫斯里为了领略山间的野趣，一个人来到一片陌生的山林，左转右转，迷失了方向。正当他一筹莫展的时候，迎面走来了一个挑山货的美丽少女。

少女嫣然一笑，问道：“先生是从景点那边迷失的吧？请跟我来吧，我带你抄小路往山下赶，那里有旅游公司的汽车在等着你。”

卫斯里跟着少女穿越丛林，阳光在林间映出千万道漂亮的光柱，晶莹的水汽在光柱里飘飘忽忽。正当他陶醉于这美妙的景致时，少女开口说话了：“先生，前面就是我们这儿的鬼谷，是这片山林中最危险的路段，一不小心就会摔进万丈深渊。我们这儿的规矩是路过此地，一定要挑点或者扛点什么东西。”

卫斯里惊问：“这么危险的地方，再负重前行，那不是更危险吗？”

少女笑了，解释道：“只有你意识到危险了，才会更加集中精力，那样反而会更安全。这儿发生过好几起坠谷事件，都是迷路的游客在毫无压力的情况下一不小心摔下去的。我们每天都挑东西来来去去，却从来没人出事。”

卫斯里冒出一身冷汗，对少女的解释十分怀疑。他让少女先走，自己去寻找别的路，企图绕过鬼谷。

少女无奈，只好一个人走了。卫斯里在山间来回绕了两圈，也没有找到下山的路。

眼看天色将晚，卫斯里还在犹豫不决。夜里的山间极不安全，在山里过夜，他恐惧；过鬼谷下山，他也恐惧。况且，此时只有他一个人。

后来，山间又走来一个挑山货的少女。极度恐惧的卫斯里拦住少女，让她帮自己拿主意。少女沉默着将两根沉沉的木条递到卫斯里的手上。卫斯里胆战心惊地跟在少女身后，小心翼翼地走过了这段“鬼谷”。

过了一段时间，卫斯里故意挑着东西又走了一次“鬼谷”。这时，他才发现“鬼谷”没有想象中那么“深”，最“深”的是自己想象中的“恐惧”。

有些人对一些本来并不可怕的事情却产生一种紧张恐怖的情绪。他们自己也能意识到这种恐惧是完全不必要的，甚至能意识到这是不正常的表现，但却不能控制自己，即使尽了很大努力也依然无法摆脱和消除，因而感到极为不安。

许多人简直对一切都怀着恐惧之心：他们怕风，怕受寒；他们吃东西时怕有毒，经营商时怕赔钱；他们怕人言，怕舆论；他们怕困苦的时候到来，怕贫穷，怕失败，怕收获不佳，怕雷电，怕暴风……他们的生命充满了怕、怕、怕。

不要惧怕失败

人在遭受一次次的打击后，就会对自己的能力产生怀疑，会对自己一贯坚持的目标丧失信心，这是成功的大敌，因为成功就在你的坚持中。

科学家曾做过一个有趣的实验：

他们把跳蚤放在桌上，一拍桌子，跳蚤迅即跳起，跳起的高度均在其身高的100倍以上，堪称世界上跳得最高的动物！然后在跳蚤头上罩一个玻璃罩，再让它跳；这一次跳蚤碰到了玻璃罩。连续多次后，跳蚤改变了起跳高度以适应环境，每次跳跃总保持在罩顶以下高度。接下来逐渐改变玻璃罩的高度，跳蚤都在碰壁后主动改变自己的高度。最后，玻璃罩接近桌面，这时跳蚤已无法再跳了。科学家于是把玻璃罩打开，再拍桌子，跳蚤仍然不会跳，变成“爬蚤”了。

跳蚤变成“爬蚤”，并非它已丧失了跳跃的能力，而是由于一次次受挫学乖了，习惯了，麻木了。最可悲之处就在于，实际上的玻璃罩已经不存在了，它却连“再试一次”的念头都没有。

玻璃罩已经罩在了潜意识里，罩在了它的心上。

只要有坚定的信念与决心，即使才能平平的人也会有成功的一天；否则，即使是一个才识超群、能力非凡的人，也将遭受失败的命运。

失败并不会是致命的，除非你认输。失败也并不可怕，可怕的是在失败中垂头丧气。每一个有所成就的人，无不是经历了一个个的失败而走向成功的。因此，要想成功，就不应该惧怕失败，因为失败是通往成功的铺路石。

人生在世，唯一所能拥有的其实只有自己的生命。只不过人是应该为活而生，而不是为生而生。

懦弱的人得不到命运的青睐

在困难面前表现出懦弱的人是不会获得成功的。

狮王年老体衰后，决定尽快选出一名继承人。

一天，狮王把三个儿子叫到跟前说："在我眼里，你们三兄弟是一样聪明、善良，谁都可以继承王位，但王位只能传给你们其中的一人，所以，我决定让你们通过竞赛的方式，来公平竞争王位，胜者才能为王。"

三个儿子都同意了狮王的决定。

第二天，狮王在一帮大臣的簇拥下，带着三个儿子来到一处悬崖边，说："我的王冠就放在这个悬崖的下边，你们谁敢从这里

跳下去，王冠就属于谁了。”

三个儿子惊呆了，因为它们从小就接受过父王这样的训诫：

“你们千万不要到悬崖边去玩耍，万一不小心掉下去，肯定会摔得粉身碎骨！”

“父王，能否换个比赛的方式？这样跳下去，说不定你会失去所有的儿子。”狮王的大儿子跪在地上，满头大汗，战战兢兢地说。

“放肆！”狮王有几分恼怒了。

“父王，我自愿放弃王位，不参加这次比赛了。”二儿子说完，瘫倒在地上。

“唉！”狮王看着地上的两个儿子，禁不住失望地长叹一声。

“父王，我愿意跳下去。”三儿子说完，朝狮王跪拜了三下，便纵身跃下深不见底的悬崖。

一天后，狮王的小儿子手捧王冠，回到了王宫。

原来，悬崖的下面，狮王早已命人垫上了一层厚厚的干草，它此举只是为了试试儿子们的胆量而已。

人都有其懦弱的一面，但关键的是聪明的人能够战胜内心深处的懦弱，获得向上的精神动力。勇敢是每一个人都需要的品质。在困境面前，能够克服自己的懦弱，勇敢地迎接挑战，才能获得命运的青睐。

成功在于行动

思前想后、顾虑重重会阻碍你迈出通向成功的步伐。

有兄弟两个住在南海边，有一天夜里，兄弟两个同时做了一个梦，梦见从水里冒出一个人，浑身湿淋淋地说："你想发财吗？有成千上万的珍珠正等着你呢！想发财，你就得去昆仑山，你只有到那里，才能找到珠宝。"

兄弟两个都醒了，互相把梦里的情形一说。

哥哥说："昆仑山多远啊，我到底去不去呢？去，我必须穿越沙漠、湖泊、森林，我很可能死在半路，我才不去呢，而且我听爷爷和父亲说，他们也做过这种梦，却从来没有相信。"

弟弟却说："我知道有危险，但是不去的话，我们这辈子大概就发不了财了。要去！"

经过几天内心的挣扎，弟弟想，去了不见得能发财，但是不去，则一定会后悔。他决定冒险，只身前往昆仑。

弟弟千里跋涉，历经了许多艰难险阻，终于风尘仆仆到达了昆仑山。天哪！昆仑山不但穷困，而且正闹土匪，弟弟随身带的一点值钱的东西都被土匪抢走了。一位老人发现奄奄一息的弟弟，喂他吃东西、喝水，把他救活了。

老人说："看样子、听口音，你不是本地人。"

弟弟回答说："我从南海来。"

"什么？南海？你从那么远、那么富有的地方，却跑到我们这鸟不生蛋的昆仑山来干什么？"

弟弟坦白地说："因为我梦见神对我启示，到这里来可以找到成千上万的珍珠。"

老人大笑了起来："笑死我了，我们这儿每个人都常做一个梦，梦见在南海有座房子，房子后面有七棵无花果树和一个日晷，日晷旁边有个水池，池底藏着好多珍珠！不过是梦罢了，快回你的南海吧！"

弟弟默默地听从了老人的话，回到了南海。哥哥听说他回来了，跑来看他，笑着说："我早知道会是这样的了。"

但是，回家没几天，弟弟成为南海最有钱人。因为昆仑山人梦见的七棵无花果树和水池，就在他家的后院。他在水池底下，挖出成千上万的珍珠。

弟弟没有白去昆仑山这一遭，虽然珍珠就在他自己家里，但是他不去，就不会知道。

虽然成功距离我们并不远，却一次又一次地与它失之交臂，为什么呢？因为我们有太多的顾虑了。我们害怕会遇到危险、害怕会被骗、害怕失败、害怕自己的付出会付之东流。终于，我们一直在思量，在考虑，却迟迟不愿迈出那前进的一步。而成功只属于勇敢的行动者，胆小的幻想者与成功总是无缘的。

不要习惯失败

习惯了失败，就再也不可能有翻身的机会。不能把自己习惯于放在失败者的地位上，只有这样才能走向成功。

一位长者告诉一位渴望财富的青年，北海岸边有金贝壳，于是这个青年就不远万里，来到了北海岸边的海滩上，不顾一切开始了寻找金贝壳的工作。起初他耐心地拣起每一枚贝壳仔细端详，确定不是金贝壳后才把它扔掉。北海岸边寒风袭人，青年拾起每一颗贝壳都是冰凉的。天气的寒冷，事情的单调，使青年渐渐失去耐心，渐渐的，他只感觉一下，就将贝壳扔掉了。一天、两天、一个月、两个月，无数贝壳被青年拣起又扔掉，始终没有找到老者所说的金贝壳，青年人很颓丧，觉得自己已不可能找到金贝壳了。

但青年很执着很勤奋，一直不停地忙碌着，终于有一天，一枚金贝壳被他拾在手中，但无数次的失败使青年无形中形成了思维定式，他只是感觉一下那枚贝壳，看都没有看，那个想法就又冒出来：不可能，捡起来那么多都不是金贝壳，这枚怎么就那么天遂人意呢，青年就这样把金贝壳随手扔掉了。

后来青年又捡到一枚金贝壳，又被他扔掉了。后来他老了，无奈地回到家乡，他告诉年轻人：北海岸边没有金贝壳。

在人的一生中，可能面临着许多的失败，多次的失败会让人的脑海中形成了一种固有的思维模式，使许许多多已经到来的机会从手中悄悄地溜走了。这时，你需要的是不断克服人性中的惯性思维，不能习惯失败强加给你的影响，才能在成功来临的时候不会错过。

悲观使人日渐消沉

同样一个事物，悲观的人看了会更加消沉，而它却能给乐观的人带来精神的鼓舞。

雨后，一只蜘蛛艰难地向墙上已经支离破碎的网爬去，由于墙壁潮湿，它爬到一定的高度，就会掉下来，它一次次地向上爬，一次次地又掉下来……

第一个人看到了，他叹了一口气，自言自语：“我的一生不正如这只蜘蛛吗？忙忙碌碌而无所得。”于是，他日渐消沉。

第二个人看到了，他说：这只蜘蛛真愚蠢，为什么不从旁边干燥的地方绕一下爬上去？不能像它那样愚蠢。于是，他变得聪明起来。

第三个人看到了，它立刻被蜘蛛屡败屡战的精神感动了。于是，他变得坚强起来。

现代人越来越容易感染悲观的情绪。这种人看不到漫天飘洒的云彩，而只会一味地担心天会下雨，看不到拳击手被击倒后爬起来的顽强，而只能为他的伤痕累累而心悸。对于这种人，一个很小的打击也足以使他绝望，令他一败涂地。

半途而废导致满盘皆输

做事最忌半途而废，中途放弃最终将导致前功尽弃、满盘皆输。

乐羊子离家去远方求学，才过了一年，就回来了。妻子问他出了什么事，乐羊子说，因为想你才回来。听到这话，妻子走到织布机前，用力把没织完的布一下割断，说："这布是我一丝一缕地积累，一寸一寸地织出来的，现在割断了它，不但空废了时光，也难以再织成整匹的布了。读书也是这样，要日积月累，才能成功，你中途而返，这不是同割断织布机上的布一样吗？"乐羊子深受教育，马上离家再去学习，整整七年没有回家。

虎头蛇尾、半途而废是做事的大忌。对待学习要坚持不懈，持之以恒；半途而废，就会前功尽弃，最终导致满盘皆输。

举棋不定终将一无所获

优柔寡断，只能使机会稍纵即逝。这些犹豫不决的人，在机遇面前，没有果断力、没有信心，他们的一生也就注定要平庸。

乌力吉小时候和小朋友去树林中捕山鸡。他们这一次采用了新方法，把木箱子用木棍支起，在木棍上系上绳子一直接到他们隐藏的草丛之中。只要山鸡飞下来去啄食撒在箱子下面的谷粒，乌力吉他们一拉绳子就可以把山鸡罩起来抓到。

他们隐藏起来，观察动静。一会儿，飞来了一群山鸡，共有11只。大概是山鸡太饿了，不一会儿就有8只山鸡走到了箱子下面。一个朋友让乌力吉拉绳，可他犹豫地说：“再等一会儿，这样更稳妥一些。”

他们等了一会儿，非但那3只没有进去，反而又走出了4只。朋友劝他拉绳子，乌力吉说再有一只走进去才拉绳子。但是接着却又走出来3只。如果这时候拉绳子，还能套住一只，但是乌力吉担心剩下了一只，拉绳子也未必能罩住它。不幸的是，最后一只山鸡好像也感到不妙，也走出来了。

每个成功者的背后都有许多条交错往复的路，而机遇就像是在每条道口旁的路标，指引着善于把握时机者踏入成功之途。

世界上最可怜的就是，那些遇事举棋不定，优柔寡断，遇到机会不知所措，无所用心的人。

杞人忧天乃庸人自扰

每天都被一些莫须有的念头所困扰，为不可能发生的事情担心，着实是再愚蠢不过的举动了。

杞国有一个人，整天担心天会塌下来、地会陷下去，自己没有地方安身，因此愁得睡不着觉，吃不下饭。

有个人看他这样忧愁，很为他担心，就去开导他说："天不过是由很厚的气体聚积而成的，没有一个地方没有气。你一举一动，一呼一吸，从早到晚都生活在大气之中。怎么会担心天塌下来呢？"

那个忧天的人听了，又说："如果天果真是大气积成，那么太阳、月亮和星星不是会掉下来吗？"

开导他的人说："太阳、月亮和星星，也都是由会发光的气体积聚而成的。即使掉下来，也不可能把人打伤。"

那个忧天的人又问："如果地陷下去，怎么办呢？"

开导他的人回答说："大地是土块、石块积聚而成的，它充塞四野，无处不有，你在它上面随便行走、跳跃，每天在地上生活作息，怎么担心它会陷下去呢？"

那杞国人听了那人的话，如释重负，非常高兴。那个前来开导他的人看他这样，也很高兴。

每天都被一些莫须有的念头所困扰，为不可能发生的事情担心，着实是再愚蠢不过的举动了。过度的忧虑只会让你成天烦恼，久而久之成了习惯，便会让你束手束脚，干不成大事。只有抛掉忧虑的困扰，才能让你身心放松。

抱怨不如行动

在困境中与其哀叹命运不公而浪费时间和精力，不如用行动改变现状。

连绵秋雨已经连续下了好几天，在一个大院子里，有一个年轻人浑身淋得透湿，但他似乎毫无觉察，满天怒气地指着天空，高声大骂着：

“你这该千刀万剐的老天呀！我要让你下十八层地狱！你已经连续下了好几天雨了，弄得我屋也漏了，粮食也霉了，柴火也湿了，衣服也没得换了，你让我怎么活呀！我要骂你、咒你，让你不得好死……”

年轻人骂得越来越起劲，火气越来越大，但雨依旧淅淅沥沥，毫不停歇。

这时，一位智者对年轻人说：

“你湿淋淋地站在雨中骂天，过两天，下雨的龙王一定会被你气死，再也不敢下雨了。”

“哼！它才不会生气呢，它根本听不见我在骂它，我骂它其实也没什么用！”年轻人气呼呼地说。

“既然明知没有用，为什么还在这里做蠢事呢？”

“……”年轻人无言以对。

“与其浪费力气骂天，不如为自己撑起一把雨伞。自己动手去把屋顶修好，去邻家借些干柴，把衣服烘干，粮食烘干，好好吃上一顿饭。”智者说。

“与其浪费力气在这里骂天，不如为自己撑起一把雨伞。”智者的话对身处逆境的青少年来说不失为一句“醒世恒言”。在困境中与其哀叹命运不公而浪费时间和精力，为什么不把这些精力用在改变困境的行动上呢？

不做通才做专才

总想成为掌握多种技能的多面手，最后却往往什么也不专精。

鼯鼠掌握了五种技能：飞翔、游泳、攀树、掘洞和奔跑。它为此感到非常自豪：在动物世界里，有谁像我这样多才多艺？雄鹰飞得高，但它会游泳、掘洞、攀树、奔跑吗？老虎跑得快，但它会飞翔、游泳、攀树、掘洞吗？海豚是游泳能手，但它会其他四种技能吗？鼯鼠把自己和各种动物都比了个遍，越比越觉得自己的本领高，越比越觉得自己了不起。在它看来，老虎当兽中之王，雄鹰为鸟中之王，都是徒有虚名而已。真正的动物首领，非它莫属。

然而，人们还是把它与老鼠并列，划入啮齿目；又将它与弱小动物排在一起，归进松鼠科。

鼯鼠为此愤愤不平：“胡闹，胡闹！老鼠、松鼠算什么东西？

我可是动物中的通才、全才啊！”

有一天，鼯鼠正在向几只老鼠炫耀自己的五种技能，突然，一只老虎出现在它面前：“小兄弟，你在说什么？”

鼯鼠吓得魂飞魄散，撒腿就跑。但是，它用尽力气跑了半天，老虎几步就追上来了。没办法，它慌忙爬上一棵树，这时，一只金钱豹又蹿了过来，三下两下就蹿上了树顶。情急之中，鼯鼠张开四肢飞到空中。但是，它的“翅膀”并不能像鸟一样扇动，只能滑翔。一只雄鹰轻轻扇了两下翅膀，眼看就要抓住它。无路可走了，鼯鼠“扑通”一声钻进水里。它刚想喘口气，一只水獭已箭一般地向它扑来。鼯鼠狼狈地爬上岸，伸出利爪掘洞藏身。水獭跟踪追来，没费吹灰之力，就扒开了它的洞穴，把它抓在手中。

“兄弟，我想领教领教，你还有什么招数吗？”水獭讥讽地问。

鼯鼠浑身像筛糠一样颤抖不止，后悔不迭地说：“拥有一身平庸的本领，不如掌握一件过硬的技巧啊！”

人都喜欢贪多，却不明白一个道理：贪多而“消化不良”反而会一无所获。正如鼯鼠的感悟所得：“业广不如业专。”与其掌握许多平庸的本领，不如精通一门过硬的技术。

在就业成为一个大问题的今天，高级技工却十分抢手，这是因为技术密度越来越大的工作需要精通一门技术的人去做，技术专是对年轻人提出的一个更高的要求。

牢骚满腹心难安

害怕艰苦，牢骚满腹，是难以学到真本事、成就大事业的。

很久很久以前，鸭子和天鹅是一对亲兄弟，它们长相相近，很难区分开来。鸭子是哥哥，天鹅是弟弟。

它们长大后，一同拜山鹰为师学习追云赶月的飞翔技艺。跟老师学练了才三天，鸭子就有些受不了啦。它嘟嘟囔囔地说：“唉！要是咱生在山鹰家里多好，从小就能出类拔萃，翱翔九霄，省得受这份洋罪，去练这飞翔的技艺。”天鹅说：“真本事来自苦用功，哪有一生下来什么都会的人呢？就是山鹰的孩子，也是通过长期的勤学苦练才练就了一身过硬的翱翔技艺。不信，你问问老师。”山鹰笑着说：“是啊，我们山鹰的孩子练起飞翔来一点也不比你们轻松，翅膀刮伤，脖子扭坏，那是常有的事。”

鸭子平静了没几天，心里又烦躁起来。“哼！山鹰练飞虽比我苦，可他起点比我高呀，我再苦练也跟不上人家。罢罢罢，干脆另谋出路。”天鹅苦劝无效，鸭子开小差溜了。

鸭子离开山鹰，接着跟金雕学艺。没过几天，他又厌烦了，“四面高山一处山坳，环境太小，这小地方岂能练出绝世的功夫？”于是，他再次出走。就这样，他曾到大海上向海鸥求教，曾到沙漠里向秃鹫学习，也曾到森林里以猎隼为师……辗转各地，他不是嫌环境艰苦，就是嫌老师刻板，怨天尤人，每天都有说不完的牢骚。许多年过去了，鸭子飞翔的能力一点也没有提高，只能从一个水塘勉强飞到另一个水塘。而他的弟弟天鹅，经过一丝不苟的刻苦训练，早已成了举世闻名的飞行家，他飞越珠峰，往往连老师都和赞叹不已。

有好事者问鸭子对此有何感想时，鸭子说：“人家命好，老师偏向父母宠，要是我有他那些条件，我肯定比他现在飞得还远还高，珠峰算什么！”

据说，直到今天，鸭子还牢骚满腹地嘎嘎叫，从不低头沉思一下自己到底错在哪儿。

找借口已经成了我们的强项。我们总会若有其事地为自己制定一个远大的理想，在实现理想的过程中，遇到一点困难就找借口，之后败下阵来，另谋出路。再次遇到困难，又是牢骚满腹。如此反复，是难以学到真本事、成就大事业的。

选择面前不要固守

为了固守一包棉花而放弃其他，最后竟落得一无所获。这是一个猎人的教训。

两个贫苦的猎人靠上山打猎为生。有一天他们在山里发现两大包棉花，两人喜出望外，山里猎物不好打，而将这两包棉花卖掉，足可让家人一个月衣食无虑。当下两人各自背了一包棉花，便赶路回家。

走着走着，其中一名猎人眼尖，看到山路边有一大捆布，走近细看，竟是上等的细麻布，足足有十多匹之多。他欣喜之余，和同伴商量，一同放下肩负的棉花，改背麻布回家。

他的同伴却有不同的想法，认为自己背着棉花已走了一大段路，到了这里又丢下棉花，岂不枉费自己先前的辛苦，坚持不愿换麻布。先前发现麻布的猎人屡劝同伴不听，只得自己竭尽所能地背起麻布，继续前行。

又走了一段路后，背麻布的猎人望见林中闪闪发光，待近前一看，地上竟然散落着数坛黄金，心想这下真的发财了，赶忙邀同伴放下肩头的麻布及棉花，背起黄金。

他的同伴仍是那套不愿丢下棉花以免枉费辛苦的想法，并且怀疑那些黄金不是真的，劝他不要白费力气，免得到头来空欢喜一场。

发现黄金的猎人只好自己背了两坛黄金，和背棉花的伙伴赶路回家。走到山下时，无缘无故下了一场大雨，两人在空旷处被淋了个透。更不幸的是，背棉花的猎人肩上的大包棉花，吸饱了雨水，重得完全背不动，那猎人不得已，只能丢下一路辛苦舍不得放弃的棉花，空着手和挑金的同伴回家去。

人总是"惜力"，在这个故事中有充分的表现。已经付出了一份辛苦，便死死地守着这份成果，不愿放弃，哪怕面前还有更多更好的机会，也会固执地坚守自己的那一份"劳动成果"，不惜放弃很多的机会。然而，你的选择与放弃往往更决定了成功与失败的分界。

资历不等于能力

资历只能说明你经历了什么，能力才能决定将来能够成就什么。

古罗马皇帝哈德良曾经碰到过这样一个问题：

皇帝手下的一位将军觉得他应该得到提升，便在皇帝面前提到这件事，以他的长久服役为理由。“我应该升到更重要的领导岗位”，他报告，“因为我的经验丰富，参加过10次重要战役。”

哈德良皇帝是一个对人有着很强判断力的人，他并不认为这位将军有能力担任更高的职务，于是他随意指着拴在周围的驴子说：

“亲爱的将军，好好看这些驴子，它们至少参加过20次战役，可它们仍然是驴子。”

经验与资历固然重要，但这并不是衡量能力的标准。许多聪明的老板认为：有些人十年的经验，只不过是一年的经验重复十次而已。年复一年地重复一种工作，固然很熟练，但可怕的是这种重复已然扼杀了想象力与创造力。

“吃老本”是人性中的一个弱点。有一些人在自己取得了一些成就后，就自居高位，靠自己的资历得到权利、得到地位、得到金钱。无论遇到什么事情，都会拿自己的资历做挡箭牌，并希望利用自己的资历向上爬得更高。但是，资历不是提升的唯一因素，关键看你有没有真本事。资历只能说明你经历了什么，只有能力才能够决定你将来能成就什么。

不要让坏人得寸进尺

如果对坏人一味地顺从，会使坏人得寸进尺，终将招致杀身之祸。

秦国有个非常有名的学者，名叫牛缺。一次，他带了些盘缠到赵国邯郸讲学。时间紧迫，他连夜赶路。

当他来到偏僻的地方时，两个强盗挡住了去路。强盗要牛缺放下行囊，牛缺心想：

“他们只想要钱，给他们想要的东西就行了。”

于是，他把行囊交到强盗手里。

强盗得到行囊后，又要牛缺交出车马。牛缺想：

“这两个强盗还想要财物，给他们就行了。”

于是把车马也交给了强盗。

强盗仍不满意，还要牛缺脱下衣服，牛缺又照办了。

强盗放走牛缺后，觉得这人奇怪。他们说：

“此人像是一个有钱的人，要什么就给什么，这可不是好征兆，看他那爽快的样子，像是个大人物呀。”

说到这儿，两个强盗吓得一哆嗦，其中一个说：

“如果他去报告国王，国王一定会派官府的人来抓我们，那时我们就惨了。这可怎么办？”

另一个说：

“一不做二不休，不如杀掉他灭口。”

两个强盗转身连追三十里地，终于追上牛缺，把他杀了。

对坏人的恶行不能一味地姑息、顺从。坏人做坏事也会心存顾虑，顺从的行为只能助长他们的嚣张气焰。人就是如此，你表现出弱，他就会表现得更强。而当你奋起反抗时，他便拿你没有办法了。所以对待坏人决不能姑息顺从，否则只能给自己招来麻烦，甚至是杀身之祸。

不可乱逞能

在做事之前要充分考察自己的能力，不可乱逞能。

蓝蓝的天空，高大的树木，平静的小湖，加上可爱的小动物，组成了一个充满欢乐的森林。但是，这里有一只非常爱逞能的小鸡，大家叫它“逞能”。

“逞能”经常说自己很了不起，而且还经常取笑其他小动物，因此，小动物们都不喜欢它。这一天天气晴朗，万里无云，“逞能”觉得在家里非常闷，于是，就决定出去走走。当“逞能”走到小河的对面时，看到一只非常可爱的小兔子正在吃青菜，“逞能”便从桥上走过去，取笑小兔子，说：“哈哈！你还吃这种低下的食物，你还不知道吗？青菜已经落后了，你看，我多可爱，因为我每天都吃小鱼小虫。”小兔子听了低下头，哭着回家了。

“逞能”非常高兴，因为它把小兔子给弄哭了。它又往前走，当走到一棵大树旁的时候，看到树上有一只画眉正在唱歌，“逞能”心想：虽然好听，但如果我称赞它，那我不就没有面子了吗？不行，我不能这样说。于是，“逞能”便对画眉说：“你快给我闭嘴！你知道你唱得有多难听吗？森林里只有我的声音是最美的。”然后，“逞能”就发出“唧唧唧唧”的难听叫声，画眉听后，皱了皱眉头，生气地飞走了。

现在，“逞能”的朋友越来越少了，但它一点也不在乎。就在这个时候，它看见了小猫正在捉老鼠，当小猫捉到老鼠后，它的主人就会给小猫一条小鱼吃，“逞能”看到这些情景后，便走过去对小猫说：“你会捉老鼠有什么了不起，其实，我也会捉老鼠，只不过，你们不知道而已。”小猫听后，半信半疑地问：“你会捉老鼠，怎么没听说过呢？”“逞能”昂昂头说：“不信？我现在就捉给你看！”说完，“逞能”便去捉那只正在田里偷吃谷粒的大老鼠，当它来到那只大老鼠面前的时候，大老鼠对着“逞能”露出了锋利的牙齿，“逞能”一下就被那锋利的牙齿吓晕了。这时，小猫扑过去一下就把老鼠抓住了。

当“逞能”醒后，小猫便劝告它：“‘逞能’，你以后不要再这样逞能了，要想逞能，自己得练就一身真本事。”“逞能”听后，点了点头，感激地对小猫说：“小猫，谢谢你，是你让我清醒过来的。”那天晚上，“逞能”把以前那样对待小动物们的事一件又一件地想了很久，竟然哭了起来，因为它觉得自己太对不起那些小动物了。第二天，“逞能”当着全部小动物的面说：“今天我在这里，要向大家道歉，因为先前我太对不起大家了。”森林里，顿时响起了热烈的掌声，小动物们原谅了“逞能”。

为了显示自己的能力，一些人总是喜欢去挑战自己根本完不成的任务。这就是逞能。一个人不管出于什么动机，如果不顾一切地逞能，那么最后的结果必然是众叛亲离，成为孤家寡人。这类人可能会轰轰烈烈于一时，却总是凄凄切切于最后。

第十三章

作茧自缚徒伤悲

ZUOJIAN
ZIFU
TU SHANGBEI

心有多大，世界就有多大

心有多大，世界就有多大，如果不能推翻心墙，即使给你一片大海，你也找不到自由的感觉。

有一条鱼在很小的时候被捕上了岸，渔人看它太小，而且很美丽，便把它当成礼物送给了女儿。

小女孩把它放在一个鱼缸里养了起来，每天它游来游去总会碰到鱼缸的内壁，心里便有一种不愉快的感觉。

后来鱼越长越大，在鱼缸里转身都困难了，女孩便给它换了更大的鱼缸，它又可以游来游去了。

可是每次碰到鱼缸的内壁，它畅快的心情便会黯淡下来，它有些讨厌这种原地转圈的生活了，索性静静地悬浮在水中，不游也不动，甚至连食物也不怎么吃了。

女孩看它很可怜，便把它放回了大海。

它在海中不停地游着，心中却一直快乐不起来。

一天它遇见了另一条鱼，那条鱼问它："你看起来好像是闷闷不乐啊！"

它叹了口气说："啊，这个鱼缸太大了，我怎么也游不到它的边！"

自我设限是人性中安于现状、向现况妥协的心理机制造成的。趋利避害是人性中经常呈现的一面。在面对挫折时，我们会习惯于向环境妥协，放弃自己更高的期待，最后流于平庸，将卓越的品质扼杀。

就像寓言中的那条鱼，在鱼缸中待久了，心也变得像鱼缸一样小了，不敢有所突破。即使有一天，到了一个更为广阔的空间，已变得狭小的心反倒无所适从了。

走出自己的小世界

如果不与人交流，十年之后即使能大富大贵又有什么意义呢？

一个富翁和一个书生打赌，让这位书生单独在一间小房子里读书，每天有人从高高的窗外往里面递一回饭。假如书生能坚持十年，这位富翁将满足书生的所有要求。于是，这位书生开始了一个人在小房子里的读书生涯。他与世隔绝，终日只是伸伸懒腰，沉思默想。他听不到大自然的天籁之声，见不到朋友，也没有敌人，他的朋友和敌人就是他自己。

很快，这位书生就自动放弃了这个打赌。

因为书生在苦读和静思中终于大彻大悟：不能够与别人交流，十年后即使大富大贵又能怎样？

渴望倾诉、渴望交流、渴望被认同，是人性深处的一种极大的需求。

自有人类开始，人就是群居动物，人是社会的人，需要互相交流，尤其是现代社会，与世隔绝、独处一室是非常不切实际的做法。良好的人际关系就像是一盏明灯，在人生的山穷水尽处，指引你走向柳暗花明又一村的繁华。

别把自由看成一种痛苦

具有奴性的人往往身在福中不知福，将自由自在的生活视作痛苦的桎梏，宁愿在强者的管束下俯首称臣。

以前，青蛙王国都是由青蛙自己来管理的，每只青蛙都是平等的，谁也不约束谁。

有一天，青蛙们大吵大闹，它们实在是受不了这种没有人管束、自由自在的生活了，这在它们看来是十分荒唐的事。没有权威和管束，生活实在是太无聊了。

于是青蛙们决定改变这种状况，它们集体向上帝请求派一个国王来管束它们。

这个国王绝对庄严稳重，从来都不慌不忙、不急不躁，而且爱好和平，从不跟别人发生争执；个子高大，身体粗壮，模样又四方周正。总之，它来当国王肯定没得说，绝对符合国王的身份。新国王马上就被上帝给派下来了，从天而降。它从天上降下来，沉重地落到了青蛙的国土上，把本来就是沼泽的烂泥砸得稀里哗啦地响。青蛙们一个个吓得浑身打战，拼命地四方逃窜，纷纷藏到水底、草丛里、湖沼的穴洞中。在那里，它们开始议论自己的国王，认为它不同凡响，一定大有来头。

可这位新国王也就仅仅是一截树桩，而且是杨木树桩，刚刚下水来泡一泡。

起初，青蛙们对自己新来的国王无比尊敬，它们认为国王位高权重，尊贵无比。没有一只青蛙有胆量来接近新国王一步，更不用说走到它的身边了。它们不是从远处敬畏地看着它，就是透过草丛的缝隙来看它。但是慢慢地，日子久了，新国王还没有什么动静，青蛙们就逐渐消除了害怕的心理。

这群青蛙也就是和新国王相处了三四天的时间，便又感到厌烦了。它们再次请求上帝派来一个新国王。“上帝呀，请你给我们派一个顶用的国王来治理我们吧。你瞧我们这里幅员辽阔，生活环境又这么好，是多么需要很好的管理呀！”青蛙们说。

上帝听了青蛙们的话，觉得还有一定道理，于是给它们派来了另外一位新国王，这个新国王是一只凶猛的鹤。

鹤国王和以前的木头国王的作风绝对不是一类型的，它从不喜欢对自己的臣民有丝毫的纵容。无论是哪只青蛙，只要犯下一点儿罪过，鹤国王从不手软，肯定会把它吃掉，如果是所有的青蛙都犯了错误，那它就会把所有的青蛙都给吃掉，一个也不留下。事实上在它看来，无罪的和没有犯错误的青蛙是根本不存在的，因此，它有理由随意吃掉任何一只青蛙。

青蛙们这次是真正地感到了无比的痛苦和怨恨，它们再也忍受不了鹤国王的残暴了，于是它们再次请求上帝给它们改派一个新国王。它们对上帝说："现在的鹤国王实在是太残暴了呀！它吃青蛙比吃一只苍蝇还随便，青蛙们现在没有谁敢把身子露出水面，甚至一露鼻子都有可能被吃掉，有时候连'哇哇'叫上一声都不敢呀！实在是没法活下去了，这个国王要是一直待下去，那比连年大旱还要吓人。"

上帝一看又是青蛙们来了，本来就十分反感，又听到它们比以前更大的吵闹声，上帝简直头都要大了，他怒声说道："你们这些疯子，为了请派国王，我的耳朵都快被吵聋了。你们过去生活得自由自在，身在福中不知福，却要请求我给你们派驻新的国王。给你们派了木头去，你们嫌它太文静、太宽厚；再给你们派一个，你们又嫌它太凶狠、太残酷。为什么你们过去不想安安分分地生活呢？我看就这样算了吧，你们就和现在的国王待在一起吧！要不然的话，以后给你们选派的国王保不准比现在的还厉害呢！"

青蛙们再也不敢说什么了，只好乖乖地回到了自己的家，和鹤生活在一起。

想一想你在生活中、工作中是否也像青蛙那样被奴性所限呢？对平淡踏实的生活总也感觉不到满足，不懂得享受生活的乐趣，却为追求所谓更高质量的生活而疲于奔命，最后反而沦为生活的奴隶；另外，工作时也不能够严格自律，却一定要有人在身旁催促、监督才会将工作进行下去，久而久之，渐渐丧失了自由的创造力，工作也没有丝毫起色，却成了工作的奴隶。

如果存在这种情况，为什么不去积极地改变呢？

谁也没有捆住你

一个人被烦恼缠身，于是四处寻找解脱烦恼的秘诀。

有一天，他来到一个山脚下，看见在一片绿草丛中有一位牧童骑在牛背上，吹着横笛，逍遥自在。他走上前去问道：“你看起来很快活，能教给我解脱烦恼的方法吗？”

牧童说：“骑在牛背上，笛子一吹，什么烦恼也没有了。”

他试了试，却无济于事。于是，他又开始继续寻找。不久，他来到一个山洞里，看见有一个老人独坐在洞中，面带满足的微笑。他深深鞠了一个躬，向老人说明来意。老人问道：“这么说你是来寻求解脱的？”

他说：“是的！恳请不吝赐教。”

老人笑着问：“有谁捆住你了吗？”

“没有。”

“既然没有人捆住你，何谈解脱呢？”

他蓦然醒悟。

我们又何尝不是像这个人一样四处寻找解脱的途径？殊不知，并没有谁捆住你的手脚，真正难以摆脱的是困于心中的那个瓶颈。打破心中的瓶颈，清除掉心中的垃圾，你就可以在属于自己的天空中自由翱翔。

束缚我们的往往是自己

囚禁章鱼的是瓶子吗？不，真正囚禁它们的是章鱼自己。

一只章鱼的体重可以达 70 磅。但是，如此庞大的家伙，身体却非常柔软，柔软到几乎可以将自己塞进任何想去的地方。

章鱼没有脊椎，这使得它可以穿过一个银币大小的洞。它们最喜欢做的事情，就是将自己的身体塞进海螺壳里躲起来，等到鱼虾走近时，就咬断它们的头部，注入毒液，使其麻痹而死，然后美餐一顿。对于海洋中的其他生物来说，它可以称得上是最狡猾、最阴险的动物之一。

但是，它再狡猾，人类也有办法制服它，而且正是利用了它的这种天性，人类才想出了一个绝妙的办法。渔民们将小瓶子用绳子串在一起沉入海底，章鱼一看见小瓶子，都争先恐后地往里钻，不论瓶子有多么小、多么窄。

结果，这些在海洋里无往不胜的章鱼，一下子变成了瓶子里的囚徒，变成了渔民的猎物，变成了人类餐桌上的美餐。是什么囚禁了章鱼？是瓶子吗？不，瓶子放在海里，瓶子不会走路，更不会去主动捕捉。囚禁章鱼的不是别的，正是它们自己。它们向着最狭窄的路越走越远，不管那是一条多么黑暗的路，即使那条路是条死胡同。

人最大的敌人是自己，我们也并不比章鱼聪明几分，我们人性中的那些灰暗点：贪婪、懒惰、虚荣、嫉妒……就像那个瓶子，将我们囚于其中，使我们的心灵得不到放松与解脱，使我们直到身心疲惫也难以走出命运的迷宫。

固守成见，只能深陷泥潭

无法突破旧经验的束缚，就很难有新的突破，也很难获得什么成就。

科学家把五只猴子关在一个笼子里，笼子上面挂有一串香蕉。实验人员装了一个自动装置，每当猴子去拿香蕉时，马上就会有冷水喷向笼子，这五只猴子全会被淋湿。

起初有一只猴子想去拿香蕉，水柱立即就喷了出来，那只猴子再也不敢上前了。后来其他的猴子也都上前尝试，结果同样被淋得一身湿。于是猴子们得到一个教训：千万不要去拿香蕉，因为会有水柱喷出来。

后来实验人员把其中的一只猴子抓出来，换了一只新猴子。这只猴子看到香蕉，想要去拿，结果马上被其他四只老猴子阻拦。其他四只猴子告诉新猴子，如果去拿香蕉将会被水淋湿，那只新猴子不听劝告，结果被其他四只猴子打得全身是伤。

后来实验人员再把一只老猴子换掉，换另外一只新猴子，这只猴子看到香蕉，当然马上要去拿，结果也是被其他四只猴子揍了一顿，上次刚来的那只猴子打得最有力。新猴子试了几次总是被打得很惨，最后只好作罢。

后来所有的老猴子都陆续被换成了新猴子，但是大家都不敢动那串香蕉，它们都不知道为什么，只知道拿香蕉会被揍。

从“拿香蕉会被水淋”到“拿香蕉会被揍”，猴子的思维有了一个转变，久而久之，谁也不知道拿香蕉为什么会被揍，也没有人会去追究这个问题，只知道是一定的。因为猴子的思维已经陷入固有成见的泥潭，不敢也不想再去尝试新的事物。这不也正是我们人类的一种常态吗？

不要被无形杀手伤害

利用人性中薄弱的一环，让自己成为自己的敌人，并将自己打倒，把自己杀死，这是一件残酷的事。

有一个人生性残忍，是国王手下出了名的刽子手，因为他总是喜欢用各种各样的怪方式来折磨死刑犯。

一位犯人被告知明天将被处以极刑，行刑的方式是在他手臂上割一个口子，让他流尽鲜血而亡。犯人哀求刽子手给一个痛快的结果，但刽子手置之不理。

第二天，犯人被带到一个房间中，锁在一面墙上，墙上有个小孔，刚好可以把一条胳膊穿过去。刽子手把他的一只手从孔中穿过去，固定在墙的另一边，用刀子在他的手上割开一个口子，在手下边还放着一个瓦罐来盛血。

犯人只感到自己手臂上一痛，眼睛一闭，心里哀叹这次是完了。“嘀嗒，嘀嗒……”血开始一滴滴地滴在瓦罐中，四周静极了。犯人就这样静静地听着自己的血滴在瓦罐中，他感觉到自己的血液一点点地从手臂上的那个伤口涌出，越来越快地流进瓦罐。不一会儿，他的意志随着血流走了，他无力地倒下来——死了。

其实，在墙的另一边，他手上的那个口子早就不流血了，刽子手在身边的桌子上放着一个大水瓶，水瓶中的水正通过一个特制的漏斗软管往下边的瓦罐中滴，那致命的“嘀嗒”声就是水滴进瓦罐的声音。

人生最大的痛苦不是肉体上的痛苦，而是施加在精神上的痛苦。这种痛苦是最残酷的，它是由人给自己制造一种莫须有的危机并通过心理上的不断强化来加重危机的力量，直到最后把自己的意志压垮，使自己完全崩溃。这种利用人性中薄弱的一环制造紧张气氛，把自己摧毁的做法是残酷的。

不要让誓言左右你的行动

誓言的作用是明确行动方向，而不是为了困住你的头脑和前进的脚步。

一只猴子生活在海边。它有个习惯，每次出海捕鱼之前，都要立下一个誓言。

一天，当它去捕鱼的时候，便立下誓言：今天只捕带鱼。然而，一网下去后，捞上来的全是海虾。于是，这天它便空手而归。

晚上，当饥饿的猴子躺在冰冷的床上时，它十分后悔："我怎么能扔掉了海虾呢？海虾在市场上虽然价钱不高，但一网下来，卖掉的钱解决我的温饱还是不成问题的。"于是，它又发誓明天只捕海虾。

第二天，猴子又按照自己的誓言去捕鱼。没想到一网下去，捞上来的全是黄鱼。于是，它又把黄鱼都放回了大海。当它两手空空，拖着疲惫的身躯回到家时，它又后悔了，决定明天只捕黄鱼。

第三天，它又按照自己的誓言去捕鱼。然而，这次它捞上来的全是沙丁鱼。于是，猴子又一次空手而归。

后来，猴子便在自己的誓言中饿死了。

过于苛求便等于刻板，不讲变通难免流于陈腐。人性中不善于与时俱进、固守老观念和旧规矩的因素，把我们束缚于无形之中。

誓言本应只是一个督促人行动的约定，而不能成为制约人行为的模具，更不能左右人们的行动方向。

受到誓言的限制而不懂得变通，一次一次地后悔，一遍一遍地更改誓言，最终只会落得个“竹篮打水一场空”。

打破一切常规

当你找不到解决问题的思路时，就要学会改变方法。

传说公元前213年冬天，马其顿·亚历山大大帝进兵亚细亚。当他到达亚细亚的弗吉尼亚城，听说城里有个著名的预言。

几百年前，弗吉尼亚的戈迪亚斯王在其牛车上系了一个复杂的绳结，并宣告谁能解开它，谁就会成为亚细亚王。自此以后，每年都有很多人来看戈迪亚斯打的结子。各国的武士和王子都来试解这个结，可总是连绳头都找不到，他们甚至不知从何处着手。

亚历山大对这个预言非常感兴趣，命人带他去看这个神秘之结。幸好，这个结尚完好地保存在朱庇特神庙里。

亚历山大仔细观察着这个结，许久许久，始终连绳头都找不到。

这时，他突然想道：“为什么不用自己的行动规则来打开这个绳结！”于是，他拔出剑来，一剑把绳结劈成两半，这个保留了数百年的难解之结，就这样轻易地被解开了。

人最大的限制是脑海里的那个限制。循规守旧、一成不变是人性中的惰性所为。固守尘封让我们在既定的框架和模式中毫无作为。亚历山大敢于突破传统、打破常规的做法，独辟蹊径地用简单的方法去解决看似复杂的问题，最终将困难化解于无形。

我们常常抱怨自己的生活黯淡无光、平淡无奇，那么，为什么还要去追寻陈旧的足迹呢？为什么不能用变化的眼光来看待生活中的悲与喜呢？眼光变了，这个世界也就变了。

偏执会将你导向灭亡

偏执的神父认为上帝会来救自己，却不能认出上帝使者的模样。

半夜，一场大暴雨淹没了河边的一座教堂。一个神父正在教堂里祈祷，他被困在里面了。这时，一个救生员驾着小艇向神父喊道："神父！快！快上来！不然洪水会把你淹死的！"

神父说："不！我要恪守我的职责！我深信上帝会来救我的！"

过了不久，洪水已经淹过神父半腰了，神父只好勉强站在桌子上。

这时又有一个救生员开着小艇跟神父说："神父！快！快上来！不然洪水会把你淹死的！"

神父说："不！我要守着我的殿堂！我深信上帝会来救我的！"

最后，洪水已经把教堂淹没了，神父只好抓着教堂顶端的十字架。

一架直升机缓缓飞过来，丢下绳梯之后，飞行员大叫："神父！快！快上来！不然洪水会把你淹死的！"

神父还是很顽强地说："不！我深信上帝会来救我的！"

最后，神父被淹死了。神父上了天堂后，来到上帝面前委屈地说："上帝，你为什么要抛弃你虔诚的信徒啊？"

上帝一脸的郁闷："我已经派了两艘小艇和一架直升机去救你了，是你偏执地坚持我会亲自去救你而拒绝了他们呀。"

走出人性中偏执的阴影，才能领略豁达的人生景致。寓言中，上帝已经派了使者来救神父，而他却偏执地认定上帝会亲自来救自己，拒绝接受别人伸来的援助之手，丧失了得救的机会，这又能怨恨谁呢？在机会来临时，我们总是固执地坚持自己的想法，却听不进别人的意见，在自己的前进途中设置了种种障碍，这又能够怨恨谁呢？

既要坚守原则，又要懂得变通

只知道坚守而不知道变通的人，注定走向另一个极端——固执。

一个固执的人在烈日下急匆匆地赶路。

他热得大汗淋漓，却不肯扇扇子。一只鸟儿飞过来，对他说：

“你为什么不肯扇扇子呢？”

“哼，我要靠我自己活在这个世界上，不需要任何外力的帮助！”

“我用翅膀为你扇风吧？”

“走开点！我宁可热死，也不需要任何外力帮助！”固执的人继续走他的路。

他来到一条很宽很深的河边，他过不去了，站在岸边。

“去找渔家借条船吧，你会很快渡过河去的。”那只鸟儿又追来了。

“哼！借？我长这么大，从来没向别人借过东西！我要靠我自己过河。”固执的人说。

固执的人说完，径直朝河里跳去，一会儿，他就沉了底。

“唉！这个人真是太固执了。”鸟儿叹了一声飞走了。

人都有固执的一面，只要认定一个方向是对的，就会一如既往地向前进，而不去考虑会遇到什么险阻，也不去思考是否还有更好的路可走，大有不撞南墙不回头之势。人若固执起来，听不进别人的劝告，拒绝接受别人的帮助，认为自己可以成就一切，直到遭受失败也不懂得悔悟。而生活中的许多事情需要我们有变通的思想，只有变通才能让生活的道路变得更加平坦。

莫让臆想的事物困扰自己

让莫须有的臆想出来的事物困扰自己，最终难以走出它的束缚，着实是愚蠢无比的行为。

齐庄公的时候，有个勇士名叫宾卑聚。一天夜里，他梦见一个壮士，身材魁梧，头戴白色绢帽，帽上坠着红色的丝穗，外穿耀眼的红色麻布盛装，内穿棉布做的衣服，脚穿一双崭新的白色缎鞋，身上挂着一个黑色的剑囊。这个威武的大汉走到宾卑聚面前，大声地呵斥他，还朝他脸上吐唾沫。

宾卑聚被这个突如其来的凶狠汉子惊醒了，他发现原来是个梦。尽管这样，他依然因此而一夜没睡，心中非常气愤。

第二天天一亮，宾卑聚就把他的朋友们都请来，向他们讲述了前一天晚上做的梦。然后他对朋友们说：“我自幼崇尚勇敢，六十年来从没受过任何欺凌侮辱。可是昨天夜里，我在梦中受到如此的侮辱，心里实在咽不下这口气。我一定要找到那个敢于在梦中骂我，并向我吐唾沫的人。假若在三天之内找到他，我就要报这个仇；如果三天之内找不到他，我就没脸面活在世上了。”

于是，每天一早，宾卑聚就带着他的朋友们一起站在行人过往频繁的交通要道上，寻找着跟梦中打扮、长相一样的人。可是，三天过去了，他们始终没有看到一个如梦中一般打扮的壮士。宾卑聚气馁地回到家中，长长地叹了一口气，然后拔出剑自刎了。

固执、冲动是难以克服的人性弱点。生活中总有一些人，本来没有什么值得烦恼的事情，他却偏偏臆想出一些事情来困扰自己。情绪、心态、理智都被臆想的事物所牵制，成了臆想事物的奴隶。

挣脱思维的锁链

将你的思想锁牢的并不是现实中的锁链，而是思维中的那根锁链，如果你不将它挣脱，就无法改变你的一生。

老猫在池塘边钓鱼，旁边有很多动物在玩耍。只见老猫渔竿一扬，钓上了一条大鱼，约有半尺来长，落在地上后，那条鱼仍然蹦跳不已。老猫冷静地用脚踩住了鱼，摘下了鱼嘴里的钓钩，顺手将鱼丢回了池塘。

围观的动物中响起了一阵惊呼，这么大的一条鱼还不能令老猫满意，足见老猫钓鱼的雄心之大。就在众动物议论纷纷的时候，老猫的渔竿又是一扬，这次钓上的鱼足有一尺来长，众动物想：“老猫这下该高兴了吧。”谁知老猫仍是不多看一眼，摘下鱼钩，把鱼丢进了池塘。

后来老猫的渔竿又一次扬起，只见钓线末端吊着一条不到半尺长的鱼，围观的动物们以为老猫又会把鱼丢进池塘里，却没料到老猫摘下钓钩后，小心地把鱼放进了自己的鱼篓中。大象便问它为什么舍大鱼而留小鱼。

老猫回答：“因为我家的盘子装不下大鱼。”

格局决定命运，气度改变人生。固守人性中狭隘的一面，人生的格局也相应地变得逼仄。在我们的生活中，有许多人因为自己平凡的背景，而不敢去梦想非凡的成就，不敢去追求更好的生活，结果便无法改变自己的一生。

不要将简单问题变复杂

简单的生活，就是快乐的生活。如果你对生活有太多的要求，就会为生活所累。人生的最大悲剧就是被生活赶着走。

有一个老人，非常喜欢留大胡子，花白的胡子足有一尺长。

有一天，老人在门口溜达，邻居家5岁的小孩儿问他：“老爷爷，你这么长的胡子，晚上睡觉的时候，是把它放在被子里面呢，还是放在被子外面？”

老人竟一时答不上来。

晚上睡觉的时候，老人突然想起小孩子问他的话。他先把胡子放在被子外面，感觉很不舒服；他又把胡子拿到被子里面，仍然觉得很难受。

就这样，老人一会儿把胡子拿出来，一会儿又把胡子放进去，整整一个晚上，他始终想不出来，过去睡觉的时候，胡子是怎么放的。

第二天天刚亮，老人敲邻居家的门。

正好是小孩子来开门，老人生气地说："都怪你这小孩，害我一晚上没有睡成觉！"

人总爱和自己较劲儿，什么事都要弄个水落石出，总要把简单的问题搞复杂。胡子放在被子里还是被子外？原本很自然的事，考虑多了便成了烦恼。